U0042036

跨越生與死的斷捨離

清掃死亡最前線的
真實記錄

命案現場清潔師

盧拉拉 著

目錄

第二現場

孤獨，很殘酷 91

第三現場 整理過後的真相 167

自序

之一　大學畢業的掃地工

常常有人問從事命案現場清潔工作的我，家裡也經營殯葬業嗎？（要不然怎麼會做這行），答案是否定的。

我出生在普通的家庭，爸爸是消防員、媽媽是家庭主婦。小時候，父親因爲值班的關係，我們能看到他的機會不多；也因此，每次看新聞的時候，只要他轄區內發生火災，我們都會擔心他的安全。

我的父親，用自己的生命在保護人們生命財產的安全；而他的生命，卻只能交由上天來守護。當時每月家裡所有的花用，都是他與祝融奮戰後所領得的賞賜。當火災發生的時候，人們逃離了火場，而他卻穿戴起笨重的防護裝備，反方向的提起消防水管進入被火焰吞蝕的現場；面對眼前的熊熊烈火，他是用自己的生命去搜尋與救助另一條生命。這份工作真的很辛苦，每一次任務都有可能是最後一次；每一次的滅火，亦都是將生命與汗水澆灌其中。他雖然不是懸壺濟世的醫生，卻同樣是拯救生命的戰士。

父親不希望我們這些孩子以後走他的老路（消防員是個賭命的工作），也期望我能夠有所成就，所以在我還小的時候，常聽到我老爹耳提面命的跟我說：「你要好好念書，要是你不愛念書，以後就只能去當『土公仔』（以前對殯葬業者的稱呼），不要讓家裡失望了。」然而記得每當我考試考差時，他也常說：「你不愛念書的話就不要念，不要浪費時間，明天你就去殯儀館看有沒有工作可以做。」

就這樣，小小年紀的我反而對殯葬業產生了好奇，一直在想，爲何不能選擇這樣的工作呢？

又過了幾年，老爹還是不斷的勸勉我努力讀書，只是內容有點不一樣了，他常說：「你要好好念書、考上大學，你看，現在清潔隊一堆人搶著報考，連博士都跑去考清潔隊了，你要是書讀不好，連清潔隊都沒得做。要是不想念書，你現在只能去幫別人掃地，說不定你要幫別人掃地，別人還不讓你掃。」

其實職業不分貴賤，父親說的都是爲我好，希望我能好好念書，不要像他一樣辛苦賣命的工作以求得溫飽。

可惜，願望就只是願望，想想就好。因爲想得越美好，現實往往就會越用力的打你一巴掌，讓人深刻的看清現實。

我是家中唯一念大學的人，雖然符合了爸爸的期望，他甚至認爲我以後可以坐辦公桌，而不用像他一樣在外面拚命；然而，我那看似讓父親滿意的美好未來，卻在我還沒畢業時有了一百八十度的大轉彎——我選擇在殯葬業服務，而這個決定，在當時著實讓我爸「嘔血三升」。我剛入行的那段時間，每天都被他念一樣的話：「虧你書念得那麼高，還是全家唯一的大學生，結果你跑去做土公仔，早知道這樣，當初你國中畢業就可以去做這途了。我辛苦賺錢讓你去念書，不是要你去學怎麼扛棺材，是希望你以後不要像我一樣，書念不好，只能做沒人願意做的工作（在很久很久以前，因為薪資太低的關係，公務員可沒什麼人願意做）！」

殯葬業的工作很爆肝。或許有的人認為自己的工作很辛苦，要早起貪黑或是日夜顛倒；然而在這行卻是無時無刻的待命與工作，睡覺時還會怕自己沒接到電話，就連睡到一半都會突然驚醒檢查手機。有時工作一多，兩、三天不回家很正常；即便下了班想好好休息一下，客戶的電話攻勢卻又一波波襲來……。

幾年時光過後，我爹對我從事殯葬業也比較沒有意見了，甚至覺得這是很好的工作。但就在此時，我又做了個選擇——離開殯葬業、投身清潔業，而當父親得知後的瞬間，用「怒髮衝冠」來形容他一點也不為過。我以為又會被他罵到臭頭，只聽到他無奈地說：「當初要你好好念書，要不然你只能做禮儀，結果你還是跑去殯葬業；要你努力用功，要不然以後只能去掃地，你還眞的給我跑去掃地！要你不要做什麼，你偏偏去做，你是要氣死我嗎？」自從我爸說了這段話後，就再也沒有對我的工作發表任何意見。

雖然我爸沒說話，但換我娘開始接力：「一個大學畢業的，跑去掃地，虧你之前還是禮儀師，好好的工作不做，現在要做這行業，你以為這行生意很好嗎？哪來那麼多意外現場可以處理？你就算想幫別人掃地，現在外面那麼多清潔公司，競爭那麼大，你是想要餓死就對了？我們家怎麼會出一個像你那麼笨的人？你是怎麼考到大學的？都不會想一想什麼才對你比較有利，年紀都那麼大了，還要家人爲你操心。你看看人家誰誰誰，多有成就，你都這把年紀了，還只想要去掃地＠＃＄％︿＆＊＊＆︿％＄＃……（以下省略三千字）。」

在一連串有如機關槍火力不間斷的嘮叨攻勢之下，讓我傷痕累累，但是我卻仍然堅持己見，繼續命案現場清潔的工作。剛開始的確很辛苦，在家人不看好的情況下，我挺了過來，也讓家人接受我的工作、我的理念。只是，我娘那碎念絮叨的聲音，仍不時的傳進我耳中（抱頭……啊……）！

＊＊＊

之二　用心對待生命最後的痕跡

我從不覺得自己做命案現場清潔的工作有多偉大，也不是爲了累積天上的財富或做功德那麼形而上的情操，其實就只是爲了糊口飯吃、剛好選擇了這一行而已。然而不得不說的是，因爲我大學時期讀的是生死系，以及在殯葬禮儀服務業的這些年，都讓我更深刻體會到生死無常與緣起緣滅。

在看過無數次的生離與死別後，我感受到現代人對於「死」的議題，已不像早期那般避諱，反而逐漸體認到死亡是不可逆的過程及必將來到的結局，所以在面對「可預期的死亡」時，對於「身後事」也有先做準備的觀念，例如預立遺囑以及生前契約的普及，甚至還出現了所謂的「死亡咖啡館」，人們可以在那兒自在地談論生死和進行「生前告別式」，以期能夠在生前體會到親朋好友對自己的愛與追念。

但是在面對「非預期死亡」時，在世的家人親友又該怎麼辦呢？意外無常隨時都會發生，每當這類的事件發生時（孤獨死、自殺……等），亡者的家人常常是回家打開大門、或是接到警方通知時，才知道噩耗，心裡還沒準備好面對親人的驟然離世，就得接受今生再也無法再見的事實。

我在從事殯葬禮儀服務時，曾看過亡者的家屬在面對親人無預期的死亡時，那悲痛萬分的心情——只能強忍著悲傷、努力保持著理智，在警局做著筆錄；然後到了相驗室進行相驗，再從司法人員手上接到一紙證明；接著辦理喪葬事宜的同時，還要壓抑抽空所有情緒進到事發地點，去整理令人觸景傷情的現場……。對家屬來說，這一切無異是二次傷害，就像是在傷痕累累的心上，再重重的給予一擊，情何以堪吶！

因此，針對特殊狀況（例如慘不忍睹、血肉模糊、髒亂不堪的現場），有一些殯葬業者與周邊相關的服務人員便會提供協助。畢竟，不是所有的清潔業者都願意接下這類任務，而且多數人一看到事發現場的慘況，就會立馬奪門而出逃之夭夭，奔去行天宮收驚都來不及了。

不過即使殯葬從業人員願意協助，可是到底不是專業的清潔人員，或許僅是靠著三大神器「鹽酸、拖把、漂白水」來處理現場，只要能把痕跡抹去、東西丟掉、味道蓋住就好，該如何用最正確的方式清潔處理（例如消滅汙染源與還原現場等）還有待商榷。而這樣的做法是對還是錯？當時還在殯葬禮儀服務業的我並不清楚，只知道那是前輩告訴我最合適的處理方法。久而久之，也造成了「敢做的不專業、專業的不敢做。」的奇特現象。

但是隨著時日推移，處理案件現場的方式卻沒有任何改變。我開始思索著，在清理現場時，還有沒有進步的空間？

殯葬業從起初的家族式經營（一家大小包辦所有工作），如今也細分成司儀、襄儀、化妝師等專業。比如說化妝師，從以前畫的殭屍妝，轉變爲時尚風格的個性化妝容，有時在遺體受損的情形下，經由他們的巧手，修補、縫合傷口，還原往生者生前的容貌；而一位專業的司儀，不單是整場喪禮儀式的主持人，藉由他良好的口條與深具同理心的臨場反應，協助喪禮儀式以合乎禮法的方式進行，並在司儀的感人言詞之中，讓親友得以釋放悲傷的心情，撫慰內心的失親之痛。而經由禮儀師的溝通協調，則能幫助家屬完成心中想要的具有追思及客製化的喪禮。禮儀人員不再一手包辦所有的工作，而是經由專業的分工，讓禮儀服務更加周到與細膩，也因著各領域的專業培訓，讓從業人員的工作本領愈加精益求精。

那麼，特殊現場呢？爲何沒有專門的公司及專業的人員來處理？有時我與同業朋友聊天，還常聽他們開玩笑地說，「哪有那麼難？把東西收一收，離開時漂白水潑一潑，再把門關起來就好。」當我聽到這樣的見解後，深深反思，覺得特殊現場的處理更應該專業化才是。國外相關產業已行之有年，台灣爲何沒有？大家爲何認爲不必要？甚至還有點小看這個領域了。我抱著「雖千萬人吾往矣」的心情，抱著「敢做的也要是最專業的」的信念，決定遞了辭呈、放下年薪百萬的禮儀師工作，去學習合適的清理方法，並和友人合作成立了專業的清潔團隊，成爲「命案現場清潔師」——聽起來好像滿威的，但我都笑說自己就是個掃地工（所以才會被阿母愛的碎念轟炸個不停呀……）。

透過學習與進修，我才更瞭解，特殊現場的清潔工作一點都不簡單，諸如各式各樣的死因、發現日期的長短、居住的環境、往生者的生活方式……等等，有太多因素要考量，而在全盤檢視後，也才能有效、迅速的解決問題。對我來說，每一次的工作都是學習，更是體會生命——對「逝去」的體悟，以及對「活著」的珍惜。

我因為工作，常會見到各種「精采」的人生百態，有時比八點檔還要狗血。像是某一次，我還在屋內清理往生者死亡多日才被發現的現場，委託家屬卻在屋外忙不迭地討論自己可以分到多少遺產，看他們笑顏開懷的表情，不像家中發生喪事，倒像是中了樂透一樣；也看過有些家屬因婚姻、工作等因素，久久一次才能與往生的家人相見，在打開門見到躺臥著的往生者時，從他們眼中表達出的震驚。死亡的方式很多，結果卻是一樣；但對家人而言，是喜？還是悲？如人飲水，冷暖自知。

以前的人們多是在家中、於親人的陪伴下辭世，但是現今有很大部分的人是在醫院的病床上迎接死亡，或是在睡夢中安詳逝去，這些可說是目前最常見的死亡情況。然而我們工作中所遇到的個案，百分之百都是非正常的案件，和一般人甚至禮儀業者平時所接觸到的情形不一樣，有長年獨居、睡著睡著就斷氣的「孤獨死」（發現時不是在床上就是已經倒臥地上），也有以各種想得到或想不到的方式結束生命的狀況。對某部分的禮儀師來說，能夠直視、協助搬運而不吐已經是最大的挑戰了，更別提後續的處理了。

清理現場的唯一目的，是希望能還原現場，不讓家屬受到二次衝擊。我們掃的不只是血跡，還有人們內心的恐懼與傷痛。

有時我們所接觸的個案家屬，可能因為某些原因，與往生者幾日才得見上一面，不過在處理案件過程中，仍能感受到家屬的用心。記得曾有人透過我的臉書粉專找到了我，請我前去服務，當時看到委託人勉強打起精神才能與我對談，心想定是因為死亡、味道以及眼前場景所帶來的恐懼，不斷擊打著他脆弱的心。而就在我們清理完後，委託人有了邁開腳步走向家人房間的勇氣，看著他眼眶中充滿對家人愛與思念的淚水，還有對我們由衷的感謝話語，即便再辛苦勞累，也值得了。

曾有委託人說我們是心靈老師，理解亡者、同理家人，細心、專業不用多說，助人之心更是難得；而他們未能及時發現親人離開，在心裡留下的難解遺憾，也因爲有我們團隊的相助，安心了不少。

其實，我們只是盡全力把事情做到圓滿，感同身受地爲對方設想。突然遭遇這樣的事件，慌亂在所難免，我們能夠做的就是協助與陪伴家屬一起渡過，幫助他們減輕傷痛、撫慰悲傷。清潔只是最基本的工作，重點是家屬們心上的那片塵，由我們來拂去。

盧是我聞

對於熟悉的親友，我們願意去愛與付出；但是面對需要幫助的陌生人時，仍然願意嗎？電影「王牌天神」裡有段話讓我印象深刻：「人們都想看神蹟，而神蹟是要人們自己創造的。」神不只存在於天上，更在我們的心中，若能不分人我的行動、付出與實踐，一切才能有所改變，也才有機會創造神蹟。

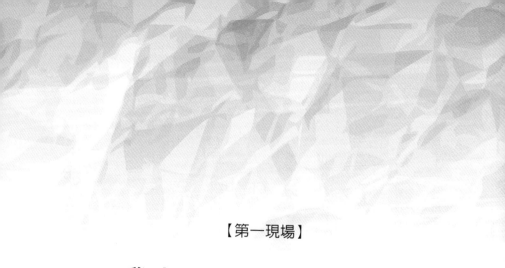

【第一現場】

我出現，只為消除恐懼

生死兩安

在某些人眼裡，「命案現場清潔師」可能是既神秘又令人佩服的行業，經常有人跟我說，「你做這行是在做功德耶，好了不起！」相對的，我們也會被某些人瞧不起，有時對方光是聽到我們的職稱頭銜，就會不經意地退避三舍、離我們遠遠的（可能還會發出「唉唷」聲），直覺我們身上可能很髒還帶細菌。然而，即使這份工作不討喜，還是要有人來做。

「堅定的意志，強壯的腸胃，堅強的心臟，過人的膽識。」或許就是命案現場清潔師的最佳形容詞。在命案現場，經常伴隨血跡與屍臭，若讓家屬自行清理，是非常殘忍的，且往往因一般人專業度不足，更容易留下細菌或病毒，對生理或心理造成不良的影響。

考量到現今在台灣，如遇到需要清潔現場的狀況時，通常的處理方法是：

1. **家屬自行清理**：即往生者的家人清理命案發生的環境。但這無疑將爲家人帶來二度傷害，尤其亡者是非正常死亡的情況下，若由家屬清理現場，原已陷入悲傷的情緒容易變得更不穩定，很難在時效內清整完成。

2. **殯葬業者處理**：若是現場情況較不複雜，需要處理的物件也不多，在家屬的委託下，殯葬業者也會協助清潔現場。禮儀師們雖然對於命案現場有較高的「抵抗力」，但是畢竟不是專門做清潔的人員，有時工作時間上也較難配合，無法徹底且細膩的復原環境。

3. **殯葬業者找工人來協助清理**：當案件現場需要大量人力，例如需要拆除、搬運，甚至是汙染面積過大、而超出殯葬業者所能處理的情形時，便得要委託工人來清理（不找清潔公司是因爲清潔公司一般不敢接這樣的案子）。至於工人哪裡找？就是找平時在殯儀館協助處理事務的工作人員，談妥費用後，他們便會輕裝簡行至現場進行清潔。

工人們用的工具很簡略，我甚至戲稱爲「三神器」，就是「鹽酸、拖把、漂白水」，因爲不是清潔的專業人員，過程中無法進行深度清理，就是很簡單的用鹽酸清洗血跡，再用拖把將血跡處理掉就好；至於味道，買個幾瓶漂白水灑一灑，只要點收時不會臭就好。如果之後又有臭味，他們可能會說是「心理作用」啦！反正已不關他們的事。

此外，工人們不像家屬或殯葬業者知道往生者的死因，所以不會去確認環境中是否有高傳染性的細菌或病毒；加上勞動強度大，常常穿著背心就上工，沒有任何的環境防護措施，所以很容易感染而影響健康，著實令人堪慮。

有鑑於以上，我們不僅針對特殊現場培養專門的清潔師，並進行教育與訓練；同時在硬體設備與藥劑方面，也進行「專業化」及「程序化」的提升。

爲了客戶的心理層面以及環境清潔衛生著想，我們在每一次的清潔工作結束後，就會立即將使用過的清潔用品全部丟棄，也就是說，在某現場用過的掃具，絕不會出現在第二個地方；而我們也需要使用特殊的藥劑來消毒及去除空間中的氣味，還給客戶一個適合生活的環境。

我曾經因爲這樣的做法，被一位業界老前輩訓斥過，說太浪費了，他一年只要換三支好神拖就好，省錢又方便，何必每一次清理現場後就將拖把丟了，有時還要丟掉好幾支。

我有我的堅持。如果今天你請某人來打掃家裡，剛好他曾經打掃過特殊現場，又非常的剛好，他帶來了同一支拖過別人家血跡的拖把，要來拖你家的地，你願意嗎？拖了之後，看起來光亮的地板到底是乾淨還是髒的？

＊＊＊

命案現場清潔師最常要面對的狀況，是往生者在死亡數日（甚至是數月）後才被發現，此時遺體早已因為時間、空間及溫度等種種因素產生腐敗現象（死亡後組織蛋白質因細菌發生分解的過程），造成屍身腫脹、蛆蟲滋生、器官自溶、皮膚液化等結果。遺體由殯葬業者協助家人運送至殯儀館，至於殘留在地上的排泄物、血水、油脂、皮膚、指甲、毛髮、各類組織以及蛆蟲蚊蠅等，就是我們的工作範圍了。

清理滿是血跡和殘骸的現場，與一般的打掃環境不同，任何血液、組織、殘留物……等，都必須視爲潛在的感染源；每一滴體液、血跡也都有可能攜帶致命的病毒與細菌，甚至轉爲嚴重的傳染病；而蚊蠅則是傳播媒介之一，所以防護措施及清除蚊蟲尤爲重要，必須徹底清潔乾淨，才能防止病菌感染。所以我們主要就是將汙染的區塊做到「毀屍滅跡」的程度。

但在工作之前，首先要挑戰的卻是「著裝」！穿戴防護衣與防護面罩眞是一大挑戰，用一個字形容叫做「熱」，用兩個字形容叫做「好熱」，用三個字形容叫做「有夠熱」，用四個字呢？簡直要「熱到靠北」了！尤其夏天時穿上防護裝備後，悶熱的感覺就像是進入蒸氣室，加上工作時因爲怕味道四處飄散，電風扇與冷氣也不能開，我們就只能在空氣不流通的環境下埋頭苦幹，汗水一滴一滴滑落，最後匯聚在腳邊，眼睛也不時地被汗水及蒸汽給模糊了視線，有時工作到後來，我都不知道流下的是汗水還是淚水。

等到清理現場時，我們會先清潔一遍表面，並妥善處理汙染物，接著就進行深度清潔，包括全室環境的清潔與孔縫間的清理。如果只做「表面工夫」，滲留在地板下以及牆縫裡的體液都可能會滋生病菌類。在現場還有許多要注意的細節，整體規劃與安排、拆除或還原，以及保護自己在高危險的環境下避免感染，都有賴清潔師們的專業知識與技能。

盧是我聞

生命是何等寶貴，即使凋零逝去，人們也理當用心對待。而慎重的清理現場，亦是對逝者最後的敬重。每當任務完成後，駭人的血跡已被抹去、難聞的臭味已不再有，家屬能安心地們重新走進現場，不再因見到血腥而經歷創傷，往生者也得以安眠。生死兩安，是我們的初衷與欣慰。

特別的第一天

若要說起我是怎麼接觸到特殊案件的現場清潔，其實和我原本的工作有很大的關係。

大學時期，我念的是生死學系，所以在大三升大四的暑假、學校規定要暑期實習時，我就到了殯葬業的實習單位報到。在報到後的空檔，我一邊想著自己在學校學了三年殯葬相關的知識，終於能把所學應用到實際層面，不曉得可以做到怎麼樣的程度，充滿著忐忑與期待；一邊想著接下來的一個月，還可以學到多少的東西，能否學以致用……。突然，一陣電話鈴響將我從想像拉回了現實。

實習單位的主管在接完電話後，立即指派同仁帶我前往指定的地點，並問了我一句：「準備好了嗎？你等一下會看到的和學校所教的完全不一樣喔。因爲你是第一天來，如果你不想過去也沒有關係，不勉強你。」當時我只覺得，「你也太瞧不起我了吧！」既然願意做這一行，就不應該怕東怕西，是能夠可怕到哪裡去？所以我整理好服儀後，就和同仁一起出發。

一路上，我好奇詢問是什麼樣的情況，只聽到同仁一句：「到了你就知道。」便再無下文，我也只好摸摸鼻子繼續等。我們到達後，一路上到頂樓，檢查了一下，聞到水龍頭的水有怪味，顏色也不太對勁，查看水塔後才發現……。那麼，這陣子居民們所喝的水是……？（我不敢再想下去。）

接著我們用手電筒往水塔下一照，只看見一具浮腫發爛的遺體，我們兩個人爬梯子下到了水塔裡，每往下一階，腐臭味就加重一倍。這時我心想，「實習第一天就要來那麼硬的嗎？」在翻動遺體時，血水從往生者的口鼻汨汨流出，眼前景象直入我腦門，再伴隨著屍臭味，視覺與嗅覺的雙重衝擊，我的胃就像被人一拳一拳又一拳的搥打，我不斷的乾咳，嘔吐物就在喉嚨間徘徊——想吐，怕丟臉；嚥下去，又難受。在矛盾的情緒間，只能硬著頭皮趕緊將遺體移至屍袋中。

然後，接體車司機也抵達了現場，他丟了條繩子下來，我們用繩子把裝有遺體的屍袋綁牢後，便爬出水塔，一同把遺體拉了出來。

將遺體移至接體車後，當時的老闆來到現場，給了我們長柄刷，要我和同事一起清掃水塔，並說：「剛問過幾間洗水塔的，沒人敢來，辛苦點，你們把這裡清一清，清好後我會請人來消毒，要不然沒人敢用這裡的水了。」說完就坐著接體車前往殯儀館處理後續。

就這樣，一隻老鳥帶著我這隻菜鳥，我們兩個人光著腳、打著赤膊，一人拿一把長柄刷，開始清潔水塔，這就是我接觸特殊清潔的開始吧！那時的我內心哀號著，「我爲什麼要來這裡？爲什麼我會在這裡洗水塔？學校沒說過會遇到這些事情啊……！」

畢業後，我正式在殯葬業任職，還記得到職日就是我的生日。當時我只是單純的想著，我的生日也是我踏入社會的第一天，我要把這天當成生命中值得紀念的日子。然而，原以爲要順順的結束第一天的工作時，禮儀師接了個案件，要我過去幫忙。

他帶我到一間民宅，打開門後，我看見往生者是趴在他客廳地上，臉跟地板黏在一起做最親密的接觸。我們一把往生者翻過身來，只看到有蛆在他臉部的肌肉與牙齒裡鑽來爬去的，而臉皮竟還黏在原地。當我們將往生者裝入屍袋後，禮儀師給了我一把刮刀，要我把臉皮鏟起來，好讓對方有個全屍。

記得當時很菜的我，還問禮儀師說應該要怎麼做，禮儀師只回了我一句：

「想辦法。」我只好咬緊牙關、硬著頭皮，用力刮呀刮的將臉皮給鏟了起來。一邊鏟還一邊想，「今天是我的生日耶，怎麼會這樣，也太倒楣了吧？」懷著心酸與無奈的心情，我把鏟起來的臉皮也放進屍袋中。那種觸感、那種心情，即便是十幾年後的現在，還是忘不掉。生日當天就給我那麼大的刺激，我收到的生日禮物也眞的太特別了！

盧是我聞

實習的第一天、出社會工作的第一天，兩個特別的日子，給了我特別「難忘」的經歷。而我也學會一件事——千萬別把如此難忘的日子跟生日扯在一起，要不然每年生日時，昔日景象歷歷在目就算了，重點是還不全是美好的回憶，何苦在生日時磨練自己的意志力呢？

尊重

我的工作性質雖然比較特殊，不過說穿了也是服務業。服務業靠的是一股熱誠，但是，熱誠卻常被客戶的不尊重給澆熄。

分享一個眞實案例。有次案件是因爲屋子裡飄散出惡臭，鄰居覺得不對勁，報警一看才發現住在裡面的人已死亡多日。亡者子女得知後，便聯繫禮儀公司接洽後續的喪葬事宜；禮儀公司也知會了我，請我安排時間接手後續的清潔。在我出發前，禮儀公司又打了一通電話要我先不要前往，原來是家屬意見不一，暫時不願處理房子的事情，而房東也畏懼家屬的「背景」，無法逕行委託我處理，所以希望在家屬的意見統合後，再委由我進行清理。

日子一天、兩天、三天的過去，我也淡忘了此事。兩週後，我突然想起，便打電話給禮儀公司的服務人員詢問情況。對方表示，家屬們還在「協調意見」中，雖他們不斷提醒家屬要盡快處理現場，卻沒人表示贊成；前幾天服務人員也去拜訪了房東，房東一臉無奈與認命；屋內的異味持續飄出，但因爲某些緣故，鄰居們敢怒不敢言。總之，仍要等候家屬通知，禮儀公司才能請我去現場處理。

時間悄悄流逝，距離當初接到通知已過了二十二天。當晚，禮儀公司終於再打電話過來，請我隔日一早前往現場報價及清潔。

次日，我抵達現場，那是棟一層樓的平房，從門外就能聞到臭味。我心想，這下有得清理了，拖了那麼久沒處理，到時就算處理完，房東應該也租不掉了。

不久，有位身材精瘦的男子向我走來，我從頭到腳打量著他，感覺他應該有很高的「藝術天分」：染著金髮的馬桶蓋頭，嘴裡嚼著檳榔外加叼了根菸，脖子掛著金質項鍊，細瘦的手腕戴著大金錶，身上穿著不知洗了多少次、領口變成荷葉邊的深色短T（上面還印有大大的四個白字「鬥魂傳承」），深色七分褲的腰帶還垂掛著鐵鍊（那是……什麼年代的中二打扮啊），雙腳穿著藍白拖（據說愛馬仕也出過類似的復刻款），沒有被衣物遮住的手臂與雙腿，則是「彩繪」了各款圖案。有人在紙上作畫，有人在牆上作畫，他卻在身體上作畫，爲藝術奉獻的精神令人感佩。

男子站在我的面前，對我說：「清潔工嗎？你用最便宜的做法，把裡面髒的部分清掉，不要有臭味就好。這樣多少錢？」

在我簡單說明作業流程與報價後，只聽到對方回應：「蛤？X（消音）你鬼！那麼貴，不要騙我，你當我第一天出社會？講那麼多有的沒的你只是要賺錢，你想做就給我打折！我跟你說啦，你們這種就是要敲盤子（坑錢）的，不要以為我沒做過功課，我朋友開清潔公司的，他跟我說很容易處理，你要嘛給我打折，要嘛就不要做，我叫他來處理。」

我緩緩回答：「不好意思，就是這個價錢。如果你幾個禮拜前就讓我來處理或許不用這麼多，是你們當初自己要拖的，不是我的問題。如果你有認識的清潔公司，你可以找他們來做啊，幹嘛找我？」

客戶：「X（消音）！你在囂張三小！好！我現在就要我朋友過來！讓他來報價就知道你多黑心了！」語畢，就聽他打電話通知他朋友過來，對話中充滿了對我的否認、不滿與憤怒。

我秉持著虛心學習的精神在旁等待（看熱鬧），約莫過了半小時，看到一台貨車抵達，車子停好後，駕駛下了車。果然是物以類聚，打扮上和客戶差不多，留著小平頭，口裡也嚼著檳榔，一身的短褲短袖夾腳拖，手臂上也有豐富的彩繪圖案。

其中一人和客戶對談後，說：「哪要那麼貴?你被他騙了啦，垃圾拿到門外電線桿丟就好啊，反正清潔隊的垃圾車會來清掉，我幫你清一清，拿漂白水灑一灑就沒味道了，你就找我來處理就好啦，他是能多專業，不過就是來騙錢的啦！」並轉頭對我說道：「少年郎，不能這樣啦，做生意要誠實啊，你這樣子哪能做長久？」

客戶接力的說：「你看我朋友，人家報的價跟你差多少！X（消音）！要不是我有認識，不然就被你坑了！」

我謙遜地說：「那很抱歉，我沒辦法執行，就麻煩你朋友來處理吧。」

客戶將約定的費用交給他後來叫來的清潔公司人員，對方從車上拿了垃圾袋、掃把、拖把的同時，我打開了工具箱，穿戴好我的防護裝備，戴上了面罩，然後站在原地。客戶覺得納悶，問我說：「沒有要給你做了，不離開站在這幹嘛？還穿成這樣？告訴你啦，不用炫耀你有什麼東西，不就清潔而已，包裝得好沒特別厲害啦！」

我不答話，只是站在原地看著。當對方叼著菸、滿不在乎的打開了門後，就看見了他鐵定在短時間內無法忘記的一幕。

大量、成群的蒼蠅伴隨著臭味朝門口飛了出來，只見對方瞬間將門關上，轉頭立刻死命奔跑；而那些好不容易逃脫的蒼蠅也非等閒之輩，不只直飛往對方身上，有部份也朝客戶及我的身上招呼著。當時我已全副武裝，所以對我來說沒有感覺，但客戶頓時就像起乩一樣，不停跳動、拍打、揮手。

清潔公司的人說：「X你娘！那麼多虎神（蒼蠅），這麼臭怎麼用啦！錢還你，這我沒辦法。」說完他馬上把錢還給客戶，馬上發動車子引擎，馬上揚長而去，只看車尾燈越來越小，直到消失在我的視線範圍裡。

客戶看到他叫來的朋友開車離去後，還很好意思的轉過頭來，緩緩對我說：

「那就給你處理吧。」

我回他：「不好意思，你傷透了我的心，你不尊重我的專業，我留在這裡只是要讓你知道，一分錢一分貨的道理。」

到底我有沒有執行這次的案件呢？答案是……。

盧是我聞

我從事命案現場清潔的工作，不僅秉著服務的心態，更是抱持高度的專業與熱忱去面對與執行每一個獨特的案件。可是，不曉得是舊時代買賣觀念的影響，還是一般人認爲殯葬相關產業是門暴利的生意，有時我們報出價目後，竟能在客户的臉上，看到如同伊莉莎白·庫布勒—羅斯（Elisabeth Kübler-Ross）在《論死亡與臨終》一書中所提出的「臨終五階段」反應：

1. **否認**：不會吧，不可能那麼貴！
2. **憤怒**：你把我當凱子就對了，開這個價錢要我接受？
3. **討價還價**：能不能便宜一點？給個折扣嘛！以後有機會我會幫你介紹，就當交個朋友嘛……。
4. **抑鬱**：認了！沒想到要花那麼多費用，無所謂了。
5. **接受**：好吧，也只好請你來處理了。

上述五階段，並非玩笑，而是我從殯葬禮儀服務到現在命案現場清潔師的工作中，眞實且經常遇到的情形。雖然大家會想，既然都遇到這樣的事了，不管怎樣都必須委託專業的人來處理；話是這麼說沒錯，但並非每個案件都能順利承接（如同本文所提的案例）。

用錢是買得到服務，但若不給予相對的尊重，我們也有選擇客户的權利。

做白工

清潔命案現場需要具備專業，但是這份工作更考驗著人性與人心。

某日，接到一個委託，是一名女子打來的，口氣相當不友善。其實，在特殊情況下，有時難以控制情緒也是正常的，所以我當時對於她的態度並不以為意，但是她說話的內容卻讓我難以接受，「清理命案現場的嗎？你們現在過來，這裡需要你們來打掃，我這裡是XX市XX路XX號。你們一個小時內到，請快一點，不要讓我等太久。」

如此的說話方式，讓我頓時無名火起，我是欠了她多少錢？可以讓她這樣子下指令。當時不斷告訴自己，「寬心、寬心，畢竟人家遭遇了那樣的事情，心情上多少有點不愉快，多體諒一下。」

正要開口準備詢問對方一些詳細狀況，「請問？……」話音未落，對方就立刻回覆我一連串高亢刺耳的連珠炮。

「問那麼多幹什麼？」、「你給我過來就對了。」、「你很奇怪耶，我要你過來還問有的沒的？」、「快一點，不要浪費我的時間！」

最後的那一句話，對方幾乎像是尖叫般地說完後，就把電話掛了。我只是想確認地址是否正確啊……，心想，「也太急躁了吧！」我又惱又火，喝了口水，調整呼吸讓自己鎮定下來，只差沒將《冰心訣》搬出來。

爲了在對方「限定」的時間抵達，我稍作準備後便立刻驅車前往目的地。照著對方提供的地址，我來到了一座公寓，看到委託人在樓下等候，一位帶著眼鏡、身形纖細、個頭嬌小、衣著華貴的中年女子。她看到我時，綻開了朱唇皓齒，靈巧的舌頭上下翻動，從喉間發出了聲音……。

「怎麼那麼慢啊！我等很久耶，你知不知道我時間很寶貴，今天是我請你來，不是你請我來，還要我等那麼久？你不會體諒一下我遇到這種狀況心情很不好嗎？」

再一次，被這樣連珠炮般劈頭亂罵下，我好不容易抓到了空檔回了一句：「我在妳限定的時間到耶，我有遲到嗎？」

只聽她說：「我不管，反正你就是耽誤了我的時間，你要怎麼處理？」

「那，當作我能力不足，無法承接這次委託吧，我滾。」說畢，便準備離開。

只聽她又說：「回來回來，誰要你走了，我只是要教育你，客戶的時間是很寶貴的，你不懂我的苦心；我只找你們來，就是信任你們，你要捨棄我對你們的信任嗎？」

這樣的話都能說得出來，是非黑白都由她說了算，我也是由衷的佩服。

在我和委託人上樓來到門前時，委託人說：「我爸當初倒在客廳，裡面都是血跟蟲，我不敢進去。你進去時，先給我到廚房，他以前有說過，貴重的東西都藏在廚房的櫃子裡，先拿出來，給我確認一下。」

說完，她便開始拿起手機打電話。當我打開門進了屋內，即使隔著一扇門還是聽得見她對著電話那頭飆高音，話語中不斷的抱怨與責罵；伴隨著尖銳的聲響，我看了一下客廳，地上一大灘深紅色的血跡，白色的蛆在血液中緩緩蠕動。

我穿過了客廳，來到了廚房。

雖然廚房不是事發現場，但是也好不到哪去，滿地淤黑的髒汙與食物包裝，沒洗過的碗盤就堆放在水槽，瓦斯爐與抽油煙機都是深黃的油垢，毫無遮蓋的水桶內盡是爬滿蛆的廚餘，大大小小的蟑螂，在地上和水槽裡爬行，蒼蠅則是不停地飛舞。好一幅「世界大同」的烏托邦場景。

我強忍著惡臭，踩過了髒汙的地板，儘管再小心翼翼，卻不時聽到「啪滋、啪滋」的聲音，應該是蟲卵、蟑螂、蛆被我踩碎的聲音吧？每一聲，是生命被我摧毀的聲音嗎？我不敢向下望，我不想看見事實的眞相。短短的幾步路，走起來卻不容易，眞的是舉步維艱啊！

好不容易到了流理台前，我打開了上方的櫥櫃，裡頭塞滿了湯包、乾貨、調味料、泡麵，還有蟑螂。我將雜物移開後卻不見有任何貴重物品。

既然沒有貴重物品，便闔上了櫃子，蹲了下去，打開流理台下方的櫥櫃。打開櫃子後，又竄出了許多蟑螂，有幾隻蟑螂還爬上了我的手臂。

當時，我嚇得往後一站，將手臂上的蟑螂撥開，待心情稍微緩和後，開始走回原處找尋裡面是否有貴重的物品。下方的櫥櫃放著一堆碗盤、刀具，還有蟑螂卵、蟑螂屎、老鼠屎。

強忍著噁心與恐懼，我用最快的速度將碗盤挪開後，仔細地搜尋了一下，找到了一個外面滿是髒水的夾鏈袋，裡面放了一疊現金，還有存摺、印章與證件。我將夾鏈袋內的物品另行裝入新的袋子後，先到了浴室，準備洗個手再將東西交予委託人。

當浴室的燈光亮起時，我看傻了眼——骯髒的程度比起廚房可說是不遑多讓。馬桶堆滿了排泄物，垃圾桶都是擦拭排泄物後的衛生紙；一旁的地上則堆滿了髒衣服，水桶內還泡著衣服，裡面的水散發陣陣惡臭；洗手台布滿汙垢，已經看不見原來的顏色，裡面堆了許多雜物。看到這樣的情況，我決定，用隨身攜帶的除菌噴霧將手噴一噴，先洗手，等晚點整理好後再說吧。

接著，我朝大門走去。當我打開大門，沒看到委託人時，便走下樓梯，來到了一樓的戶外，看見委託人用滿是嫌棄的眼神看著我，問說：「怎麼去那麼久，東西找到了沒有？」

在我將裝有找到的貴重物品的袋子交給她後，她鄙夷地接過了袋子，稍作檢視後，用懷疑的口氣對我說：「怎麼錢那麼少？你有沒有偷拿？」

「啪滋！」這次絕對不是踩到了什麼，而是我的理智要斷線了！我將身上所有的口袋掏出來，以證明自己沒有拿取任何的財物後，並對她說：「公司的最基本原則就是不得拿取任何貴重財物，請妳口氣尊重一點。」

委託人聽完後，似乎是相信了我說的話。就在我準備針對裡面的情況報價時，只見她也準備轉身離去，在我叫住委託人後，她說：「我先把東西放到車上，你先上去幫我再找一下，看看還有沒有別的貴重物品。」

就在我再度上樓，仔細尋找確定沒有貴重物品之後，下了樓，卻不見委託人蹤影。

我撥了電話給委託人，在響了十數聲後，她終於接了，說：「房子是我爸租的，要怎麼清、要多少錢你去跟房東說，我把你電話給他了，等他跟你聯繫吧，我這邊沒別的事要你做了。今天的費用你去跟房東算，跟我無關。」說完，她掛上了電話，任憑我回撥電話，也只是轉接到了語音信箱。

就這樣，她離開了；就這樣，我做了白工；就這樣，她留了滿室的血跡、髒汙與垃圾，留了一堆的麻煩給房東後，她拿著父親遺留下的財物離開了。

盧是我聞

從戰國時代孟子的「性善論」到南宋朱熹主張的「性本善」，甚至在《三字經》中首句「人之初，性本善。」中，都述說著人心初而爲善，具有向善的一面。我相信人的心都是善良的，我相信遇到這情況時，大家都想盡快把事情處理好，卻忘了《三字經》的第二句是「性相近，習相遠。」本心雖是良善，但因著後天的改變，心也跟著被蒙蔽了起來。

老闆，缺人嗎？

人們常說「死人錢最好賺」，是眞的嗎？相信殯葬業界的大哥大姐，一定會打從心底說：「好賺，你來賺賺看，難賺得要命。」而我的工作算是特殊中的特殊，在媒體與網路的渲染下，便常給人一種錯覺，「這種工作一定很賺錢，我也要試試看！」於是，自從成立公司以來，幾乎每一天都有許多不請自來的求職者，用盡各種方式管道毛遂自薦，例如電話、簡訊、粉絲團訊息、電子郵件、登門拜訪（擅闖），或是裙帶關係（我堂哥的朋友的同學的爸爸的朋友認識你，可不可以讓我從事這一行），可謂是奇招百出。

我覺得最神奇的是，不是應當開出職缺才接受應徵嗎？我們可沒有主動開出過命案現場清潔師的職缺啊！求職也就算了，重點是「禮節」啊！有時看到信件或訊息時，還眞是令人臉上三條線，不知該哭該笑還是該生氣，心想：「現在是你要找工作，而不是我拜託你來工作呢！」

最令人厭煩惱怒的是，我經常會「不分時段」接到打來詢問工作的電話，通常一接電話，對方劈頭就是：「請問薪水怎麼算？」，我心想，「算你X（消音），打來就直接問我薪水多少，爲什麼不乾脆XXX（消音）！」像這樣連最基本的問候、謙詞以及回話都不會，就直接開口要錢，當我是#$%^&*@#$#&*（消音）。當然，需要消音的話只能在心中想想而已，現實裡我只能回應：「我們不缺人，還有，不分時段打電話來是很沒禮貌的喔，我沒睡不代表我不用休息，知道嗎？」

還有的人會直接發訊問說：「這工作要去哪裡應徵啊？」現在是在問路人甲

嗎？都來問我了還用奇怪的語句。甚至有人會問：「請問？我何時能來上班？」我想說，「老兄啊，我好像跟你連認識都談不上呢，那麼想要工作，我可以介紹你去附近工地打工，簡單面試立即上班，再也不用爲找不到工作而煩惱，有的地方還有包住宿，連住房的問題都省下來了唷。」

也有遇到爲了工作可以把整個人生豁出去的，「您好，我已經把現在的工作辭掉了，隨時都可以到貴公司上班，有提供住宿嗎？沒有的話有沒有租屋補助呢？」（請問我錄用你了嗎？）

也有一些是老爺夫人型的求職者，「聽說你們的工作很好賺，我打算做這行，但是我晚上是不工作的喔，外縣市的話要來載我過去。」請問老爺、請問夫人，小弟是否還要接送您上下班，早午晚餐幫您準備好，渴了幫您奉茶水，累了幫您按摩？上班累了不要來沒關係，薪水還是會照給的。（內心翻白眼無限次，有夠哭笑不得的啦！）

還有一種是自我感覺非常良好的人，「我要做你們這行，告訴你，沒用我當員工是你的損失。」一開口就這麼說，讓我頓時覺得用了你，才可能是我人生最大的誤會。

以上這些都還算是稀鬆常見的內容，接下來的幾個才叫特別。

案例一

曾經有人私訊給我說：「你好，我本身曾經做過殯葬業，聽到命案現場清潔的工作後讓我很有興趣，所以我想要從事命案現場清潔的工作。我可以先實習不拿薪水沒有關係，請給我機會。」

當時，我沒想太多，回覆他：「這個工作雖然和殯葬業有關，但畢竟不太一樣，如果你想實習的話，我們多少還是會補貼你一些費用。」

沒想到對方竟說：「太好了，想請問每次補貼的車馬費有沒有四萬？」

四萬！你也好意思說出口！你以為我們一次現場清潔是收一百萬嗎？還是以為我月薪是三、五百萬起跳？如果真的那麼好賺，想來實習你可能要慢慢排隊。

案例二

一日，我才剛進公司，正坐下準備吃早餐時，看到有個年輕人走了進來，我起身招呼，那人一看到我就對我說：「請問你們命案清潔的負責人在嗎？我跟他有約。」

我想了想，他是誰啊？我今天有約人嗎？反問他：「請問您有什麼事呢？」

他提高語調跟我說：「我有重要的事要跟他說，不要問那麼多，你去找他過來。」

我只好告訴這名自稱跟我「約好」的陌生人：「我就是命案清潔部的負責人，請問您找我有什麼事？」

當年輕人發現他「約好」的人正站在他面前時，沒有任何反應，只說：「就是你啊，那你幹嘛不說。」

我心想，「老兄，你來鬧的嗎？」但還是耐著性子跟他說：「我剛不是回答你了嗎？請問先生您有什麼事？」

沒想到，接下來從他口中又說出更讓人驚訝的話：「我在網路上看到你們在做命案現場清潔，我打算做這個工作，今天我是來應徵的。」

眼前的年輕人以爲自己是老闆還是求職者啊？怎麼會用這樣的語氣說話呢？我和他說：「抱歉，我們目前沒有徵人的打算。如果你願意的話，可以留一下基本資料，如果有缺人的話我會請人通知你。」

聽到我的回話以後，他卻開始說出令人匪夷所思的話：「我告訴你喔，你不用我的話你會後悔喔，你不用我的話，我就自己去開一間跟你競爭，到時你要我回來就來不及了。」

嗯……，我確定我遇到怪咖了，只好發揮我的耐心和愛心跟他說：「小朋友，這裡不缺人喔，想要工作的話，國中畢業後沒打算升學再來這裡，叔叔再決定要不要雇用你喔。」說完我就坐下繼續吃早餐。

或許是我這些話感動到他了？他漲紅著臉說：「如果你不錄用我的話，我就在這邊不走，看你怎麼辦。」眞是有恆心毅力的孩子，可惜，這裡只是間小廟，怎麼容得下大佛呢？我只好跟他說：「不走啊？那只好報警請警察伯伯來抓你喔。」

他用咆哮的語氣說：「X！信不信我揍你！」我無奈的說：「信啊，但我很確定你一定打不過我啊。」在我講完後，換來的是短暫的沉默。接著，他用行動打破了僵局，他沒動手，而是轉身大步離開。

這什麼情形啊？是世界變了還是我老了？

案例三

以下內容節錄自我的電子郵件：「您好，我叫XXX，現年三十一歲，請問貴公司有缺人嗎？我曾經任職於清潔業多年，對於清潔方面有一定的經驗，相信可以勝任這個職務的。」

看到信後，我心想，終於有個正常點的人來求職了。曾經從事清潔行業，而且感覺比先前的人有禮貌多了，所以我回了信給他，並約定來周見面詳談。

到了約定的時間，我與那位求職者見面，我們一開始就相談甚歡，對方口齒清晰，也斯文有禮，回答問題上也很有自己的看法；正當我們要商談工作細節，也想聽聽他對工作有怎樣的要求時，他說的話卻瞬間澆了我一盆冷水。

「那個……，我只有一個小要求，因為我怕看到血，所以能夠在沒有血的場合讓我工作嗎？或是你們把血跡處理好後我再進去……。」

現在是……，會怕那還來做啥啊！做一般清潔就好了啊！等我們把血跡處理好後再進來？那乾脆不用來了呀！難道不知道我們的工作就是要跟屍水還有血跡為伍嗎？還是以為我們是進去掃掃地就好？眞的有做過功課嗎？眞的了解「命案現場清潔」是在做什麼嗎？面對搞不清楚狀況的人，我也只能忍痛拒絕了。

如此奇妙有趣的求職案例，可能是空前，但我想一定不會「絕後」，或許在不久的將來，還會遇到更「特別」的求職者。

除了來找工作的會這麼奇葩，我也遇過某家新聞媒體想要訪問我，當他來電才剛說出第一句話，就讓我覺得，「當初您到底是怎麼當上記者的？」

他劈頭就說：「我XX新聞，要過去採訪你。」

我滿頭問號：「請問您貴姓？我跟你有約嗎？」

他沒回答我的問題，自顧自的說：「我在網路上看過你的文章，想過去採訪，可不可以順便給我你們在執行案件時家屬在場的照片，比較吸引人注意。」

這一種隔壁失火，你卻在旁邊拿板凳、啤酒加鹹酥雞準備看熱鬧的心態，讓我大爲惱火，我就回答他：「沒有興趣，謝謝。」

誰知，記者大人不屈不撓的說：「沒關係，我給你時間想想，等一下再打給你。」說完就把電話掛了。我直接封鎖了來電的號碼，這種態度跟口氣就想要人答應你做訪問，別人我不知道，但是我可無法接受。

盧是我聞

把現場清理乾淨，將可怕味道去除，是「命案現場清潔」的基本工作，更重要的是能將心比心、撫平委託者的傷痛，以及提供適時的幫助與支持。所以，我覺得想要成爲稱職的命案現場清潔師，無論人品、禮節及能力，都很重要；當然，在待人處事上也是如此。

垃圾屋

我們的工作不只是清理命案現場，有時也會接到客戶的委託，協助清理垃圾屋。

垃圾屋，顧名思義就是家中堆滿了雜物、垃圾而不整理，加上捨不得丟棄、無意識地累積，而造成垃圾滿屋的現象，或許也是「囤積症」的表現。據推估，全台灣至少有數百萬人受「囤積症」所苦，社會越高齡化，這種情況就越常見。家裡變成了垃圾屋，不只家中環境髒亂，更會影響左鄰右舍，導致衛生問題及火災逃生困難，形成公共安全隱憂。

但是，說來有點好笑（或無奈），我也曾製造過垃圾屋。

記得公司剛成立時，因爲是新創公司，在經費有限之下，什麼事都得自己一手包，加上工作性質較爲特殊，不方便對外宣傳推廣，因此草創初期，每天都看著錢不斷的消耗，卻沒有任何的進帳，只有越來越多的疲勞，和持續飆升的壓力……。

那時候每天回到家，懶得整理房間，東西經常就丟著不管，洗過澡後直接躺平睡著。不知不覺中，家中逐漸堆滿垃圾與雜物，衣服晾乾後就堆在床上，晚上要睡覺的時候，就把這一堆衣服移到另一邊，要穿的時候再從那堆衣服裡拿起來穿，甚至有時看到紙屑掉在地上，連撿都懶得撿，想說之後經過再撿起來就好，結果，好幾天過去，紙屑還在地上……。

直到某一天，當我發現家中被雜物堆擠得水洩不通，地板只剩一條窄窄的走道，房間之一也被我塞滿雜物，而桌上是一包包的垃圾、發票跟飲料瓶，床上放著堆積如山的衣服，整個家髒亂不堪。

那時我想，我經營的是清潔公司，但是家裡髒亂成這樣能看嗎？

於是我下定決心，花了三、四天的時間把家裡打掃乾淨後，便告誡自己不能夠再讓屋子囤積那麼多垃圾了。只不過，當壓力一來時，我就又在家裡堆積起雜物。於是，堆積與整理的過程不停輪迴著……。

其實家中許多物品早已失去實用性，若想改變囤積的狀態，該面對的其實是自己的內心，想囤積的不是物品，而是與物品有關的「情感故事」；絕大部分也因爲「捨不得拋下老東西」的內疚，而對「捨棄」的過程充滿焦慮、壓力與不快。或許學習從「放下」出發，試著告別所囤積的物品、割捨生命中過於沉重的負擔，才能爲生命找回新空間。

我曾處理過數間垃圾屋，室內的堆積情形可以說是五花八門。在清理過程中，常會遇到屋主捨不得丟棄物品，或是丟棄之後又把東西撿回來的情形，甚至屋主會因爲與要丟掉的東西分開而痛哭不已。

某次清理垃圾屋的案件時，據鄰居描述，屋主伯伯在老伴過世後，生活失去了重心，只要天氣好、身體狀況允許，便外出購物，有類似於購物狂的病徵，看到想要的便會不停地買。

老伯伯因兒女各有家庭，並沒有與他們住在一起，每次的家庭聚會也都選擇在外用餐，直到某天兒女因父親生病住院出院後、陪伴父親回家時，才發現父親的家竟已是滿坑滿谷的雜物，便委託我們處理。

屋主伯伯喜歡重複購買同樣的東西，房子的客廳堆滿了各式各樣的物品，已經沒有任何可以行走的地方。在客廳就有四個微波爐、六個烤箱，微波爐裡的食物太久沒取出，早已長黴生蟲，裡面已自成一個「生態系」。

餐桌上也放滿便當盒與未吃完已生蛆發臭的食物，因爲東西太多，有時伯伯吃的東西也被雜物埋住，髒臭不堪。在整理櫃子時，還發現同牌同款的水果刀居然有四百多把；廚房的櫃子與地上擺放著各種餐具與瓶罐，房間內堆放不同雜物。唯一較爲「乾淨」的地方只剩老人家的床。

清理時，也發現有很多物品在購買後並未拆封使用，爲了不浪費，我們與委託人達成共識，物品整理好後會捐贈給慈善單位。清理了物品，同時徹底清潔了房子，讓伯伯的家恢復了往日的樣子。

盧是我聞

伯伯的購物癮，也許是寂寞的表現。只有買東西時片刻的滿足感與成就感，可以填補他空虛的內心。

花一些時間好好陪伴家人吧，他們需要是每天每天累積的關心，而不是一件又一件囤積在家卻用不到的物品。

社會哥的社會課

有一次，我和遺體接運員抵達某個現場接運遺體。地點是在一棟公寓的分租套房，原本二十餘坪的房間，在巧妙規劃下，有限的空間硬是隔出了五間套房，將投資報酬率發揮到最大極限。

房子的後方擺放著洗衣機以及洗手台，而往生者居住於第四間套房，從大門就能夠直接看到房門。從大門口看到敞開的房門時，因爲角度的關係，視線所及，我只看得到部分床鋪，床邊彷彿還有個人呈現跪下彎腰的姿勢趴著，似乎是跪在往生者旁邊陪伴。當下暗想，裡面味道那麼重，怎麼還有家人受得了待著裡面。

當我正準備往前走進房內勸說，一靠近時才發現，跪在那邊的不是家人，是遺體啊！當時往生者因著某些原因而跪坐在地上，上半身剛好卡在床墊與旁邊書桌的空隙中，就這樣子死去，隨著日子過去，因爲遺體巨人化現象*，遺體腫脹變形，身軀卡死在間隙之中。

約莫四、五坪大的套房，地板已布滿暗紅色的血水，在沒有窗戶的室內，無處可去的異味不斷從門口竄出。我強忍著呼吸，把書桌挪開以騰出空間，再將遺體翻起，使其平躺在床上。

---

*編註：即「巨人觀」的現象，是指屍體高度腐敗後出現的一種現象。在人死後，由於免疫系統停止工作，體內的細菌會瘋狂滋生，同時體內的酶分解遺體並產生大量腐敗氣體，導致全身膨脹成巨人狀，死者容貌也會難以辨認。（資料來源：維基百科 https://zh.wikipedia.org/wiki/%E5%B7%A8%E4%BA%BA%E8%A7%82）

往生者的臉部浮腫發黑變形，雙眼突出，嘴唇已發腫，膨脹的腹部將襯衫撐開，露出本該遮蔽起來的肌膚。

將遺體套入屍袋後，我們先搬運到走道，套入另一層屍袋後，接著便準備走出大門離開，才走下幾階樓梯，就看到一個女生拎著便當走上樓，我趕緊的和她說：「不好意思，麻煩妳先迴避一下。」

不曉得她是太過鎮靜還是嚇傻了，面無表情的她不帶任何情感的說出了一句：「我要上去，你們擋在這邊我怎麼上樓。」

身後的遺體接運員這時說：「小姐，不好意思，我們在搬運大體，怕影響到妳，麻煩妳迴避一下。」

沒想到她卻不緊不慢的道：「我家就在樓上耶，你不讓我上樓，我怎麼回去吃飯？」

聽完這句話，頓時我倆面面相覷，不知道該怎麼回答，僵持下去也不是辦法，畢竟我們身上還扛著正在飄散異味、流著血水的遺體。於是乎，我們只能轉身，前隊變作後隊、後隊轉爲前隊，扛著遺體又回到了屋內……。

就這樣，頭一次，我們扛著遺體進門。在門口，我看到那位女生緩緩的走了上來，接著她走了進來，並朝著我們三人（我、接體員、大體）走近！我們只好更向後退。接下來，詭異無比的事情發生了！只看她拿出了鑰匙，打開了第一間套房的門，看了我們一眼後，便走進房內、把門鎖上了……。

「她住這裡？」、「是往生者的室友？」、「她不知道我們在扛大體嗎？」、「這裡很臭耶！」、「她聞不到嗎？」、「她怎麼不怕？」、「一般人看到這狀況就跑了吧！」、「這樣她吃得下那個便當？」

一連串的驚嘆號跟問號在短短數秒內從我腦中不斷浮現，到底是什麼狀況，爲何發生這樣的事情她卻可以如此淡定，是像一般人所說的「事不關己，己不關心」？還是她嚇傻了？我深深的覺得是後者，因爲再不關心，那般景象不是關上門、打開電視就能忘記的。再說，臭味也不是簡單的室內隔間就能擋住。

插曲之後，我們還是順利的將遺體搬運至車上。後續的遺體接運，在此不再贅述。

數日後，當我接到通知可以清理房間時，我和往生者的家人先見面談論後續的工作；這時已接近中午時分，家屬爲我準備了午餐，打開一看是肉羹飯。我們邊吃邊談，本來一切沒有什麼特別，直到他說：「啊！我不應該拿這給你吃的，想到那場景我都快吐了，看到這碗，就跟嘔吐物很像，會不會影響到你啊？」

我淡然的說：「不會的，這肉羹飯很好吃，謝謝你。」（心中卻想，你不說不就沒事了嗎？現在聽你一說，感覺我在吃嘔吐物，還不知道是你吐的還是我吐的？）

在用完餐並討論完後，我於約定的時間回到了現場，在樓下等了一陣子，才看到房東叼了根菸慢慢走了過來。房東高大結實、理著平頭，穿著短袖T恤，衣褲沒遮蓋到的身軀都有著紋身，手臂上還有一道深深的疤痕（或許是刀疤男子吧），看起來就有種不好惹的感覺。

當他打開了大門和我上樓，光一小段路程就聽他國罵不斷，不停的抱怨著遇到了這樣的事情，害得房客全跑光了，房子以後怎麼租人。

我好奇的問房東：「住第一間的女生呢？不是還住在那？我那時還看她進去房間，現在呢？」

房東說：「那位看起來怪怪的女生喔，事情發生當晚她爸就硬把她帶走了，好像是嚇傻了，要不然哪個正常人會那樣子。」

說眞的，聽到房東這麼說的時候我倒是鬆了一口氣，不是對那女生搬走而感到慶幸，而是房東說的不是：「什麼？第一間有住人？你看錯了吧？」

當我們抵達了該樓層，房東又點了根菸後，打開了鐵門、再推開第二道木門，他說：「那屋挖操啊（台語，哪有多臭啊）？我就說這些人沒出過社會沒見過世面，這種味道哪算什麼？」、「不用戴口罩啦，菸味就蓋過去了，你就是沒見過大場面才會這樣，像我啊，經歷過那麼多，才不怕這些。」、「我跟你說啊，這是有多難處理？不要以為我第一天出社會，這些沒那麼困難啦？那些房客事情一發生後都跑了，有夠大驚小怪！」

我沉默地聽著一直社會來社會去的社會哥在那說話，想著我是哪門子沒出過社會？就算沒出過社會，國小也上過社會課啊，我高中還是念社會組的唷！

默默看著他走向事發現場的房門，看著他轉開門把、推開房門，腳正要踏進去時……。

那一刻，所有的動作停止，時間彷彿瞬間凍結；那一刻，是偉大的時刻，是「見證奇蹟」的時刻，站在他旁邊的小弟敝人在下我，就看到這位經歷過大風大浪、見過大場面，如今體悟到「大隱隱於市，小隱隱於野」而低調潛沉當個房東的社會哥，雙眼圓睜、嘴巴不自主的張大，菸，自由落體似的掉到地上，那白色的香菸、還在兀自燃燒的半支菸，吸收了地上的血水後，白色的紙菸慢慢地由白變紅再變黑。

「滋」的一聲，燃燒的煙熄滅了，同時也熄滅了社會哥的自信。這過程只是短暫的一瞬，之後，他推開了我，以狂奔的速度跑到了房子後方的洗手台吐了起來，並聽他哀號的說：「X你娘，那乀價逆壓操。」（台語，怎麼會那麼臭）我關上房門，走到了洗手台看了一眼（跟我先前吃的肉羹飯一樣的嘔吐物後），我差點要跟他一起擠一個洗手台陪他吐了。

我只好看著旁邊的牆壁跟他說：「我來處理就好，你吐的我會幫你順便清乾淨，你要不要先回去休息？」

陪著房東下樓後，我開始了清理的工作；不愧是見過大場面的社會哥，連嘔吐的樣子都能那麼豪邁、那麼的有見過世面。話說，在這個房子裡，我見識到了好多特別的人事物，長了不少見識，我的社會大學學分應該可以多拿兩分吧？

盧是我聞

常看到有些人在網路自我介紹時，在學歷的部份會寫「社會大學社會學系」、「社會大學做人處事系」。而從業的這些時日，最常聽到的一句話是：「你當我沒出過社會喔？」、「這些事情是有多難處理，你當我第一天出社會喔？」、「社會人，社會事來解決。」

我沒有要貶低這些話的意思，但是，有時這些言論，若是從嘴裡叼著根菸、唇邊沾著檳榔渣、打扮不修邊幅，再加上手臂、背部、胸膛及小腿有「永久型人體彩繪」（或許身上還有些刀切斧劈的「裁切藝術」）的人口中說出時，在威懾力上就有著加分的作用。然而，「做一行、敬一行」，無論歷練有多少，保有謙卑的心，必然不會吃虧。

將心比心

某一回的案件，因爲距離的關係，我先委託南部友人幫忙勘查現場，在與委託人談好費用與工作時間後，才驅車南下前往事發地點。

烈日當空，我們來到了熱情的南台灣。才剛踏進這座城市，「發大財」的聲音已不絕於耳……。天氣雖然很熱，但是與委託人見面說沒幾句話後，我的心卻馬上涼了一半，血壓則是急速飆升一百度！

委託人說：「我相信你們夠專業才請你們來處理，你們特地過來這裡，之前我們約定好的費用，如果能夠再便宜一點的話，我就委託你們來做。」

我聽到了這句話，便轉頭和同事說：「收東西，把裝備放上車子，我們回去。」

委託人急忙的說：「你們來了幹嘛走！不是說好今天幫我們清理嗎？」

我也不客氣的回答：「妳不也跟我說好費用了嗎？妳對費用有意見，代表我們的約定不成立啊！」

委託人氣急敗壞的說：「哪有人像你這樣樣子！都來了還不幫我們處理！」

我大聲回應：「哪有人像妳這樣子，硬要凹我們，妳是想說我們都來了，沒有接案等於白跑一趟，所以就可以殺價嗎？」

委託人說：「沒有折扣就算了，你兇什麼兇！」

我回：「我兇？請問是誰不講理？」

就這樣，我們在熱情的都市，有了個火爆的開場。

委託人說：「好啦，看你們特地來一趟，給你們處理啦。」

我說：「妳不用委屈，我們可以回去沒關係。」

委託人見狀改口：「就給你們處理，還不趕快去做。」

聽到她的話，我也懶得回應，便進入了現場。

狹小的屋內，堆滿了物品。架高的木地板上有一灘血跡，空氣中散發著排泄物及血水的味道。雖然距離往生者過世到發現只有兩天的時間，但是炎熱的天氣加速了遺體的腐敗，讓環境變得髒臭不堪。

然而，最辛苦的不是環境的髒跟臭，而是清理過程中，手機不斷傳來很干擾工作的訊息鈴聲，是委託人傳來的。

委託人：「熱水瓶不能用了嗎？幹嘛丟掉？」

我：「有蟲在裡面爬，你要嗎？」

委託人：「電鍋不能用嗎？感覺還很新耶！」

我：「妳應該有看到旁邊都是血跡，妳敢用嗎？」

委託人：「不敢。」

我心想：「那妳還問。」

到了後來，我乾脆直接到委託人面前和她說清楚、講明白：「可不可以麻煩妳跟我到現場，看一下有什麼能留下來。妳一直傳訊息問，我怎麼工作？」

委託人說：「我不敢進去呀，看你清東西出來我才問你啊！」

我沒好氣的回她：「你可不可以稍微信任我一點啊！貴重的物品我會轉交給妳，能留下來的我也會跟妳說，要不然可以當面問我，不要一直傳訊息過來，沒立刻回妳又問個不停。」

旁人打圓場要我們不要介意，對方是急了一點，但沒惡意。將心比心是互相的，既然把現場委託給我們，就請相信我們的判斷，或者要一同進入現場確認情形也沒關係。不要覺得出錢的就是老大，就要照自己的想法去做，而不尊重我們。

過了許久，我們總算清出了室內的雜物，終於能開始拆除木地板，此時也看到純白的磁磚被血水染上了一整片的紅。當初查看現場時，委託人還說「應該」只有一點血跡，我只回應，「事情沒有妳想得那麼簡單。」

應該、只有、好像，都是臆測，實際的觀察與了解才能知道事情的眞相。

拆除木地板的過程，血水不斷飛濺，還好我們穿戴防護裝備，雖然白色的防護服濺滿了點點血跡，但身體不至於「中獎」。而爲了隔絕濃厚的屍臭味，我們還戴著防護面具，整個人悶在裡面；即使如此，我們也不敢脫下厚重悶熱的裝備，不敢讓身體直接暴露在危險的環境中。工作緩慢的進行著，雖然我們汗流浹背、氣喘吁吁，體力急速地耗損，仍憑著一股專業的信念，完成了委託。

打廣告

在資訊流通發達的時代，想要買東西，只要上網搜尋店家再下單就可以了，所以網路整合行銷的相關產業也如雨後春筍般的成立。而店家爲了能增加曝光度，吸引更多生意上門，多數也樂意花錢配合相關業務，例如網路宣傳、關鍵字廣告及粉絲團加強推廣等，確實能幫助提升業績。

但好像不是每個行業都適合打廣告。

有一次，我在晚上九點多接到某電信企業來電，說希望我們能買他們的關鍵字廣告，我回應說：「現在幾點了？你打電話是來騷擾我還是拉生意？」

沒想到我的妙問換來他的神答：「是這樣的，公司規定，到了晚上十點就不能打給客戶，避免影響到您的作息。現在我和您報告一下我們公司的服務優惠方案……。」

我沒好氣的回答他：「你公司規定干我什麼事，是規定我要配合你嗎？我沒興趣，再見。」說完就掛上了電話。現在生意眞的難做，爲了搶業績眞的是無所不用其極。

想到幾年前，公司剛成立沒多久，某天我在辦公室時，來了一位年輕人。對方很熱情主動的開了門「闖入」，並遞了張名片給我，說：「你好，我叫XXX，我們是網路行銷公司，貴公司需要做廣告宣傳嗎？」

那位業務先生顯然無視他眼前呆滯而沉默的我，自說自話了起來，他還給我一份資料，說：「先生您要知道，新公司最需要的就是知名度，只要透過本公司，我們會在各大社群網路例如臉書、批踢踢上面幫你做宣傳，接著會找人留言提高人氣，讓你的文章一直保持熱度，留言的正面評價也會讓人覺得公司很有口碑，然後還會找知名部落客幫你寫文章做推薦。現在購買本公司的產品，還會提供網路搜尋引擎的廣告優惠喔！這樣別人在打入關鍵字的時候，貴公司的名字就會在最前面，這是很大的加分作用。現在做清潔的公司很多，所以你們需要藉由網路的力量吸引別人的注意。我們公司現在針對新客戶有以下套餐方案可以選擇$&@@&@%%**%##]……（以下省略三萬字）。」

他一進門就劈哩啪啦說了一大堆我聽不太懂的名詞跟宣傳方式，我完全無法好好消化聽到的資訊。我看了一下資料，對他說：「你們公司不錯耶，服務很周全，價格也很實在，而且這樣宣傳一定很有效果，但我覺得你幫不到我。」

他充滿疑惑地對我說：「怎麼會呢？現在是網路的時代，大家都在用智慧型手機，網路已經離不開我們的生活了，想要什麼資料都是上網搜尋就好，我們的網路宣傳是很有效果的。你看，A公司跟B公司都是找我們宣傳，現在都是搜尋的第一名，他們的業績多好啊！」

我不知道要怎麼回答他，只好說：「可是……，我們公司主要是做命案現場的清潔工作耶，我不知道有哪個部落客他家如果發生事情，請我們公司處理後，會上網發文章告訴大家說他家有人發生意外走了，然後找我們處理，之後跟大家宣傳一定要找我們公司，甚至是下次出事後一定指名我們……。

「而且，找人在臉書、批踢踢這些地方發表文章之後，通常底下留言的應該是節哀跟安慰文比較多。貴公司底下的人或你們找來的部落客，會希望一直寫他家死人嗎？而且是死去多日、遺體腐爛的情況下找我們來處理，然後好評說在處理完後相當的滿意。如果你衡量他們有這個意願，也可以幫我們發表相關文章的話，我就考慮。」

當我講完這些話後，只看到剛才還滔滔不絕的年輕人眼睛張得老大，半晌說不出話來。在一陣尷尬的沉默之後，對方說了句：「謝謝，有機會請幫本公司多推薦。如果貴公司想發展一般清潔業務的話，可以找本公司服務。」

當他說完後，就立刻收拾東西轉身離開，就這樣走了……。當時我還想對他說，「來拜訪前請做好功課好嗎？網路隨便查查資料看哪裡有新的公司成立就闖了進來，也不瞭解公司經營的業務，就要幫我們推薦跟宣傳……。」

我從來沒看過有部落客會寫：

「各位知道嗎？我有好一陣子沒回家看我家人，前陣子回去時發現我家人死好幾天都臭掉了，地上還流了一堆血，我當時整個人都嚇傻了，還好我在網路上發現有家清潔公司，連忙打電話請他們過來幫忙，在他們處理完現場後，我用力一吸，哇！好乾淨新鮮的空氣啊，臭味都不見了，地板清得跟新的一樣，下次我家死人也要找他！我在這裡眞心的跟大家推薦，發生意外時找他們準沒錯，下次我還要找他們來幫忙！」

如果部落客膽子那麼大敢這樣寫，我一定會佩服他的勇氣與腦洞大開的創意；但也祈禱他不要因爲這樣的文章，被家人知道後給毒打一頓（開玩笑）。

【第二現場】

孤獨，很殘酷

人心的距離

曾經，我幫朋友代班過一個月的夜班保全，有一戶人家從我去工作的開始到結束、扣除休假的二十多天以來，每隔兩三、日，就會有外送業者送來大包小包的飲食與雜物，還順便幫該住戶在一樓領好包裹後一起帶上去，再幫忙把垃圾帶下來丟棄，服務可謂貼心又到家。

有次和日班同事閒聊起這件事，同事說他在社區工作兩年了，看到那棟住戶的次數十根手指頭都算得出來，反正帳單由銀行扣款就好，每天還都有人送東西來跟幫忙丟垃圾，就證明應該沒事發生；如果兩、三天沒人送東西來的話，才有可能是真的出事情，要準備報警。

像這樣好幾天不出門也不會讓人感到意外的獨居者，又或是本來就少與親友聯繫的人，就算已在家中往生了十天半個月，只要門窗品質夠好，味道不會飄散出去，沒被發現是很有可能的。更有甚者，即便是與家人同住，亡者死亡多日才被發現的情形也有——聽起來好像是天方夜譚，但的確是事實，而且事發地點就在距離我家僅十分鐘車程的透天厝。那天接體業者打電話給我，說因爲亡者體型比較「壯碩」，所以請我前去協助。

我跟夥伴抵達時，看到禮儀公司的人與家屬站在門外的人行道上等待，向他們說明我們是來協助的工作人員後，他們對我說：「體積不小喔，辛苦你了。」

過了一會兒，接體車來了。禮儀公司的人說遺體在四樓，確認好可以搬運遺體後，我們打開大門進入屋內，一開門，就隱約聞到了熟悉的屍臭味，接著走上了狹窄的樓梯，隨著距離現場越來越接近，味道變得越來越濃烈。

四樓只有兩個房間，其中一間門是開的，裡面堆滿了雜物，猜想應是儲藏室；另一間則是房門緊閉，應該就是我們要接運遺體的地點了。在我打開門後，看到了裡面的場景——

房間裡的冷氣開著，窗戶也開著，想必是後來進到房間的人爲了讓味道散去而做的。牆邊堆滿了零食、飲料以及泡麵，還有一台飲水機，地上則是滿滿的速食包裝袋及其他食物的垃圾。我心想，亡者生前一定沒有好好整理房間，讓這些有的沒的垃圾產生了異味，所以屍臭產生時，沒有人發覺不對勁，直到屍臭味變得越來越重，家人才驚覺事有蹊蹺。

在房門左側有張電腦桌，桌上是零食包裝袋和一瓶開過的可樂瓶，以及一些衛生紙團（不要問我裡面是鼻涕還是……）。電腦螢幕顯示著網路遊戲的畫面，畫面中的虛擬人物還在城裡發呆，除非日後被盜帳號，否則在玩家下線前，遊戲腳色就只能佇足城中，看著其他人物來來往往，像個NPC無法移動。可惜玩家自己已先在現實生活裡下線了。

旁邊加大的床上，躺著一具用往生被從頭蓋到腳的遺體，身材極爲「壯碩」，加上死亡多日造成的發腫情形，讓體型變得更加巨大。遺體下的床單及一旁的棉被都已沾滿屍水，蒼蠅在上方飛舞著。

看到了那麼巨大又早已流出屍水的腐敗身軀，要怎麼去搬動還眞是個問題。我們短暫討論後，決定先跟家屬要了兩、三個黑色的大垃圾袋裝旁邊的雜物，再用床單包住遺體，抬起後放進地上的屍袋。

我先把棉被放入垃圾袋，接著走向遺體頭部的位置，稍微抬起頭部將枕頭拿起來，此時看到後腦勺早已爬滿了一堆啃蝕遺體的蛆；把枕頭也放入垃圾袋後，我們便將床單從床墊拉起，包裹著遺體；然後我走到了遺體腳部的位置，兩人一頭一尾的奮力一拉，將遺體抬起。過程中，我還不小心讓亡者的腳碰到了我的褲子。

當時也管不了那麼多，待遺體順利放進屍袋後，我立刻衝到廁所，用衛生紙不斷的擦拭剛剛被碰到的褲管，只看到純白衛生紙沾染了墨綠色的汁液——這條穿了十年的褲子看來是沒救了。

話說回來，這次的往生者還真夠份量，我跟夥伴兩人還有禮儀公司的人一起幫忙，三個人又搬又扛又拉，好不容易才走出房門、到了樓梯口，正常狀況下我們在搬運大體時，有一位會負責揹起來、另一位只要在後面穩住即可。但現在問題來了，這棟透天厝的樓梯建得又高又陡，加上這具遺體少說也有一百公斤！不但要揹起來，還要走下去——

如此「任重道遠」的任務，誰來揹呢？

因爲遺體接運員在遺體上車後，還要前往殯儀館，我不會也不想開他的車，如果由他揹下去，到時候受傷了怎麼辦？想到這裡，實在沒辦法，只能由我硬著頭皮揹下去。

我坐在樓梯口，等其他人將裝有遺體的屍袋放在我背上後，便抓著樓梯扶手起身，才剛站起來，就覺得膝蓋在抗議（抖），我雙手緊抓著屍袋，一步一步的往下走，很重、很累，但我不能停下來，因爲只要一停下來，我就再也沒有力氣扛起來了，不禁想到作家柏楊在《異域》中寫著：「只要一直走下去，就一定到的了；只要一停下來，就再也走不動了！」非常符合我當時的情況，我只能一直往下走，並祈禱自己不要摔下去，免得我和亡者一起練習電影《破壞之王》裡何金銀所使用的「無敵風火輪」！（到時我就得緊緊抱著他，讓他的身體保護我，再利用地球的地心引力以及宇宙間的萬有引力，然後加上我跟他體重兩倍大的渦輪加速，就大功告成了。）

雖然「無敵風火輪」是電影裡「九陰眞經」中最厲害的一招，但是我相信，只要我使出這招滾了下去，我有絕對的把握會受傷！更相信若是這麼摔到遺體，絕對會換來禮儀公司及家屬的一陣毒打。

不過幾階的樓梯，走下去比當初爬上來時累了N倍……。好不容易到了一樓，後面的人開始協助我將遺體送上擔架並抬上車。

結束一連串的動作，我整個人坐在地上，氣喘吁吁，還不停冒汗。我和遺體接運員說，「你先帶家屬到殯儀館，我休息一下就回去。」於是乎，我很不敬業的坐在人行道上，目送著接體車和禮儀公司離開，過了好一陣子，才起身慢慢的騎車回家。路上，隱隱聞到一股異味從我的褲子傳來，是先前遺體的腳碰到褲子的位置，還好離家很近，回去趕快把褲子換掉就好。

終於到家之後，我開了家門，但並未立刻進去，而是把衣服脫到只剩一條內褲，公然在走廊間裸露我那膘肥肉滿的身軀，趕緊到屋內拿了垃圾袋把衣服裝袋打包後，連忙進浴室洗澡。洗澡時，我看到自己的小腿先前碰觸到遺體的部位已經開始紅腫過敏。這次協助接體的工作眞夠硬的，衣服毀了不說，還搞得我腰痠背痛的，可能得痠痛個兩、三天才有辦法復原……。

盧是我聞

「科技始終來自於人性」這句話曾是某大手機廠牌的廣告金句（甚至常被戲謔改爲「科技始終來自於惰性」），相信有經歷那個年代的讀者多少都有印象。說眞的，科技日新月異，二、三十年前誰會想到一支手機可以集電話、電腦、相機、收音機、手電筒、信用卡……等眾多功能於一身；只要有手機，加上網路普及，選一選、按一按，吃的、用的、穿的、玩的，幾乎什麼東西都能送上門，也幾乎沒有什麼辦不到，就連工作賺錢也不例外（例如時下流行的網紅經濟），生活越來越便利，或許一整個禮拜不出門都還活得下去。

無可否認，人類因爲惰性而創造出許多科技奇蹟，我們樂觀其成，也坐享其成。但是，在生活與科技之間變得越來越沒有距離的時候，那人與人之間心的距離呢？

仍見銀白的髮絲

這天，我來到一棟老舊的公寓，慢慢地走到了頂樓，整個樓層空蕩蕩的，沒有任何人出入，只有幾盞日光燈努力工作著。

頂樓門外坐著兩個人，手指上都夾著一根菸，不發一語；他們緩緩地拿起菸、深吸了一口，菸頭因此顯得光芒奪目，也燃燒得更加迅速；接著，他們微啓的唇，緩緩吐出了幾口煙，看著煙在空氣中飄散，只留下了淡淡的煙味。他倆不過幾秒的動作，卻是在這個空間裡，唯一的動靜。

而菸草燃燒的香氣，混搭嘴裡吐出的刺鼻煙味，還有腥腐的味道，摻雜一起進入了鼻腔，形成了一股難以形容的沉重氣味。那味道，也像是無法說出的情感，不知是沉悶、憂鬱、悲傷，還是遺憾？

往生者是門外兩位抽著煙的委託人的母親，獨自居住在公寓的五樓。數日前鄰居聞到了一陣異味，卻未多想，隨著日子一天天過去，味道逐漸加重，鄰居感覺事情不對勁，便立即打電話報警，才知道已有人死亡多日。

委託人並沒有說話，只是拿出鑰匙開了門，用手引導我進入屋裡，他們卻仍站在門外。我獨自進到室內，開了電燈，昏黃的燈泡照亮了一個簡陋的環境——客廳內除了一副桌椅、矮櫃和冰箱，別無他物；而用木板隔開的兩個房間，一間是臥房，另一間則擺著一張有上下舖的床，床上堆放著些許雜物，應該是儲藏室吧。

我循著味道走向了浴室，看到地上的一縷髮絲，頭髮的另一端還連著部份的頭皮（我猜想，應該是上廁所時摔倒往生的吧？）。廁所的地板，被血液染成了深紅，已看不見磁磚原來的顏色；門上，也沾附著血跡，為原木色的門板，增添了一抹紅。

我退出門外，和兩位委託人談論此次的工作內容後，他們便離開了現場。而我再次進入了屋內，直接來到浴室，用工具拿起地板上染黑卻仍見銀白的頭髮，也鏟起已經敗壞腐爛的頭皮——這些，不只是歲月留下的滄桑痕跡，也訴說著生命的脆弱，隨時一個不注意，就如凋花殘落、轉瞬即逝。

看著地上的頭髮，彷彿能看到一位母親，用盡她的青春歲月照顧孩子。她在廚房舞刀弄鏟，只為了讓他們享用熱騰騰的飯菜。當孩子生病時，她比誰都擔憂；而孩子快樂時，她比誰都開心。

隨著時光流逝，孩子們漸漸長大，在家的時間變少了、在外的時間變多了，直到某一天，兄弟各自搬離了家，為了學業、為了工作，離開了成長的地方；然後到了某一天，各自成家，和父母的見面時間越來越少，甚至只有逢年過節的時候，才有機會回到老家，與家人團聚。

歲月如梭，母親鬢髮漸白，已不再是烏黑秀髮。當她還欣慰著孩子的成家立業時，陪伴她的卻只有獨自老去。

在清理的過程中，我扭開水龍頭，因水壓不足，水流相當細小，花費了相當時間的刷洗、清潔與整理，總算還原浴室原來的樣貌。這樣的空間與生活環境，對一個人來說，是足夠了。但是，讓母親獨居在此，孩子們是否會有著虧欠？會不會也因此有所醒悟？只是，一切回不去了，再也嘗不到媽媽親手煮的飯菜，再也沒法聽到媽媽絮叨碎念的關心。

盧是我聞

孝順是什麼？

孔子在論語中說：「今之孝者，是謂能養。至於犬馬，皆能有養。不敬，何以別乎？」孝順是讓父母衣食無缺？還是眞誠關心與陪伴？傾聽父母所缺所想的，不只是物質上的供給，還有心靈上的付出。

而人生，不只是爲了賺錢出人頭地，維繫好家人情感更是重要。賺再多的錢，若不懂得（或者不肯）對拉拔我們成長的親人付出，只顧自己豐衣足食，卻讓父母節衣縮食的過日子，賺的錢，能花得心安理得嗎？

家是什麼？

是四面牆、一扇門，能遮風避雨的地方？還是家人團聚、彼此分享生活點滴與承載回憶的心靈港灣？

台語有句俗諺說：「在生吃四兩，卡贏死了拜豬羊。」*雖然喪禮儀式由「孝」出發，但孝順不是等人不在了才來做場面。父母還在的時候，對他們多一點用心的關懷、多一些眞誠的付出，以報父母用心養育之恩。若父母在世時沒有善加對待，只是死後在喪禮上展派頭來補償，又有何用？

*父母還在時，孝敬他們四兩肉，勝過在父母死後才用整隻豬羊來祭拜他們。比喻父母健在時未盡孝道，反而往生後才要行孝，無非是為了滿足生者的虛榮心。

拋棄繼承的陌生人

這是一個房客自然死於頂樓租屋處的案子，因有臭味從屋子裡飄散出來，在警方破門而入之後，才發現租客已死亡多日。而鄰居在發現有人往生多日後，也立刻搬出現在的租屋處。

往生者單身，不過有個女兒，但她在三歲時父母離婚後，就跟著母親移居國外。所以三十年來，父女倆除了近兩年曾見過面吃個飯外，並無任何交集。這次通知女兒前來，是因爲父親死亡的消息。

我和房東在住屋處會面時，剛巧往生者的女兒也在屋內和房東談論後續事宜。站在房東的立場，當然希望對方能夠完全賠償所有損失（包括清潔費用、家具、重新裝潢以及數月無法出租的租金等）；然而身爲往生者的血親，卻希望僅賠償汙染家具及清潔費用的部分。雙方在賠償金額、甚至該由誰負擔清理費用等都談不攏的情況下，自然無法交由我來進行後續的處理動作。因此，這次的清理工作可能會不了了之。

雙方爭論的過程中，往生者的女兒說：「雖然我在血緣上是他的女兒，但是幾十年來他都沒有養育過我，他對我而言就是一個當初提供了一點東西的陌生人。現在發生了事情，我來到這邊，也是很有誠意想解決。」

房東回說：「我知道你很有誠意想要解決，我也不希望這件事情發生，但是既然發生了，我們就看怎麼處理。如果剛才談的妳沒辦法接受的話，那麼賠償我們家具跟所有裝潢就好。」

女兒說：「金額太大了！如果是因爲他往生的關係而受到汙染的家具，那一定要賠償。可是有的家具跟裝潢都好好的，爲什麼一定要換呢？」

房東無奈的說：「雖然沒問題，但是我們會怕啊！之後有人要租的時候，我們也要給新的住戶新的東西，要不然他敢用嗎？」

你來我往一陣子後，往生者居住在外地的哥哥也來到了現場，在了解所有狀況後，他提出了一個非常「有趣」的結論：「這樣啦，再吵也不能解決問題，我們先負責處理汙染的費用，但是我們這邊的禮俗是告別式前都不能動往生者的東西，所以我們在『聯合奠祭』*後再處理，其他的我們慢慢討論。這樣夠有誠意了吧？」

＊聯合奠祭是內政部近幾年來推動的喪葬禮儀改革項目之一，主要做法是透過多個喪家聯合舉辦喪禮，以期達到費用節約而喪禮肅穆的目的。而經過各地縣市政府的努力，就像集團結婚一樣，聯合奠祭已逐漸被許多人接受。

此番奇葩的言論一出，果然引來房東的強烈反對：「喪禮結束以後再清理，是要讓房間臭多久，這樣搞下去，房子以後都不用租人。」

在彼此各持己見的爭論下，討論不出個所以然。這時女兒說：「雖然血緣上他是我爸，但是就如我所說的，他三十年來沒有養過我，我對他也沒有任何的感情存在，我今天是因爲警方的通知才回到台灣，我只是盡一個責任而已，你所要求的賠償我辦不到。」

房東氣憤的說：「辦不到也要想辦法啊，總不能照你們擺爛的做法吧！」

女兒接著回：「其實，我只要拋棄繼承就好了啊，這樣我就不用負責了，甚至我可以叫爸爸所有的親友全部都拋棄繼承，我們就都不用賠償。但是我們沒有這麼做，就表示我想處理，所以希望你也不要獅子大開口。」

這時往生者的哥哥又補了一句：「你租房子就像做生意一樣，做生意本來就有賺有賠，哪有穩賺不賠的。現在遇到這種事情就當花點錢作好事，幹嘛硬要人家來賠償！」

眼看著雙方僵持不下，等到有結果也不知要等多久，我便站起了身；這時，室內所有人的眼睛都看向了我，我說：「你們慢慢討論，我先離開。」不等他們回話，說完我就離開了屋內，前往便利商店買個便當跟飲料，邊吃邊等，想著不管他們再怎麼吵，只要沒有人肯退讓就繼續僵在那吧！

沒一會兒，我的手機鈴聲響起，是房東的號碼，當我接起電話，就聽到從手機傳來對方急促的聲音：「麻煩你趕快回來。」說完就把電話掛了。

我又來到了房東的家，看樣子我的離開可能多少起了點作用，讓他們趕快有個結論。

房東從口袋拿出了鑰匙給我，說：「清理的事麻煩你了，我和他們繼續討論後續的事情。」

我接過鑰匙後便退出屋外，循著樓梯向頂樓走去。

走進現場，是間陳設簡單的小套房。地上堆疊著泡麵的空碗，桌上也還有一個炸醬麵的空碗，裡面本該是黑褐色的醬汁早已變成灰色，並不斷的產生泡沫，另一頭則有數十隻蛆團聚一起。

碗旁放著一盒史蒂諾斯（安眠藥），看樣子往生者生前曾飽受失眠折磨；雖生前不能安睡，但死後必得長眠。一旁的置物籃上，則擺滿了藥物，藥袋上的日期都距今不遠，推想往生者生前也受疾病所苦。

在清理的過程中，我找到了一份保單，保單上受益人的欄位寫著一個和往生者同姓的名字；確認房內再無任何貴重物品後，我將這些東西裝袋，便走下樓回到房東的家。

才剛到房東家門口，就聽到裡面的人們還在爭吵不休。進門時，只聽往生者的女兒說：「今天這樣的狀況我相信大家都不願意遇到，你也知道我希望事情趕快落幕，要不然的話我已經去辦理拋棄繼承，而且我兩天後就要回國了，其實我可以不用負責的你知道嗎？」

我不想多說什麼，就把貴重物品擺在桌上，然後打開保單，請她確認保單填寫的受益人是不是她本人，在確認無誤後，我將保單放在桌上，慢慢的對她說：「可能父親沒有養育過妳，但這應該是他對妳的一點補償吧。」說完，我上樓繼續清理，後續賠償事宜，就留給他們慢慢吵吧。

盧是我聞

一紙離婚證書，離不掉對兒女的牽掛，即便走到人生盡頭，想著的還是能留給孩子些什麼；三十年的時間，將近一萬零九百多個日子，這一萬多個日子無法改變血緣，卻能改變很多。

佳節，不團圓

新年、端午、中秋，是華人的三大節日，在這樣的日子，久未見面的家人們都會回到家中一同團聚，共度佳節。

對於殯葬相關行業來說，縱然是年節時分，也要隨時待命，能好好放個假只是願望，休假不正常才是正常現象。誰想休假、誰能休假，而誰又願意值班，一起工作的夥伴們都必須喬個能相互配合支援的時間，才能妥善排假。而在每次休假的時候，我最大的願望就是希望電話不要響，能好好的睡上一覺就是最大的幸福。

話說回來，如果不能休假，但是能好好吃頓飯也是挺不錯的。還記得以前從事禮儀服務的時候，恰逢寒流來襲，幾位同事提議買羊肉爐回來一起吃，一口熱湯一塊肉，那是多大的享受啊！

但是！就在羊肉爐買回來、大夥兒七手八腳地準備好後，我才剛裝了碗湯，正準備喝下去暖暖身子，此刻電話卻無情的響起，同事好心的對我說：「你先把這碗湯喝了吧，我幫你接電話。」於是，我喝完一碗湯後，就要與那鍋無緣的羊肉爐告別，轉而開車前往醫院處理案子。果然，等我忙完回到了公司，羊肉爐只剩下淺淺的湯與凍豆腐。但是我不吃凍豆腐啊，更重要的是，沒有肉了！我才喝了一碗湯啊（吶喊……）！只好拿出泡麵當晚餐，哎，我的羊肉爐……。

而雖然現在做的是現場清潔，也不代表休假就比以前正常多少，仍得要隨時待命。記得有一次出任務，也是在闔家團圓的節日，當時我正準備著過節的食材，想好好的做一頓晚餐，可是一接到電話就知道假期泡湯了，在確認情況後便立即前去委託地點。

我們去到一個近年快速發展的城市，那兒的重點區域有部分嶄新的高樓林立，然而執行案件的地點是遠離高樓區域外的低樓層老舊公寓，屋齡至少三十年以上。

抵達現場時，同事和我抱怨：「大仔，今天過節耶，還把我叫出來，我還安排晚上要跟我媽吃飯耶。」我回他：「你跟你媽住一起，每天幾乎都陪她吃飯，沒差這一天吧，而且就你離這裡最近，我不叫你叫誰？別抱怨了啦，做這行你就要認命一點，別一天到晚想著可以有正常作息。」只看他對我翻了翻白眼，沒有出言反駁，用沉默表示認同。

和禮儀業者及家屬碰面後，我們便一起到了樓上的事發現場。話說，習慣眞的很可怕，明明現場的鐵門欄杆已被消防隊破壞，伸手穿過縫隙即可開門，家屬卻還是拿起鑰匙想解開門鎖；就像我每天回家後，即便知道冰箱裡面冷藏室只有醬料跟飲料（因爲太忙，食材常被我擺到壞掉）、冷凍室只有58度高粱（？），卻還是習慣性的拉開冰箱門，看看裡面有什麼東西。

準備進到屋內時，看著委託人一家開始戴上雙層口罩、穿起輕便雨衣，戴起手套、鞋套，把自己cosplay成「搶劫犯」後，便和我們一同進入。

室內的磁磚多數已碎裂，所以在室內行走的過程中，不時從地上傳來「喀擦」的聲音。越靠近房間，地板毀壞破損的情形愈是嚴重；而爲了遮蓋沒有磁磚的地方，原本住在這裡的人，像是幫地板貼痠痛藥布一般，用大小不同的紅色地墊東一塊、西一塊鋪墊著，試圖來個眼不見爲淨。

當家屬正在整理屋內貴重物品時，禮儀業者帶我們到了事發的房間門外。開門進去房間後，裡面的景象著實駭人。

床邊的地上，是兩個清晰可辨的腳印；床墊則因爲長時間受到往生者躺臥的壓迫及屍水的侵蝕，形成了褐色的人形凹痕。地上、床上有許多黑色蟲殼，圍繞在人形凹痕的周遭與地上的腳印旁，就像是勾勒了黑線輪廓般，看似散亂混雜卻又強烈地映出亡者在世間最後的殘影，也與周圍環境形成鮮明的對比。

我心中想著：「這已經過世很久才被人發現吧？」

邊想邊走進室內，頓時腳下一滑，差點要對床墊上的人形做超近距離的觀察，還有最親密的接觸……。地上那滑溜的液體是腐敗的體液加上溶解的脂肪嗎？我慢慢地走入房內，在確認大致情形後便把門帶上走了出來。

此時，家屬們還在各個房間整理要帶走的物品、搬出來的東西及不要的垃圾，然後一股腦地全都堆在地上，什麼要留、哪個要丟，各有各的想法。屋裡本來已經沒有什麼行走空間，在隨意擺放物品後更加寸步難行。看他們亂哄哄的，應該還要持續一段時間吧，我便和業者走到了陽台，等待他們動作告一段落。

「這……過世有點久了吧？」我和業者聊了起來。

業者回答我：「有好一陣子了，遺體都放到乾了，家人沒有跟亡者住，他們也是接到警方通知才知道的。」

我問：「怎麼那麼久才發現？平常沒有聯絡嗎？」

「亡者生前有家暴的問題，老婆孩子被打到受不了，幾年前媽媽就帶著孩子跑了，不敢回來。還沒離婚，不過感情早淡了。」業者不帶任何情感的回答我，想必從事殯葬業那麼久，各種狀況他也看多了吧。

人情冷暖、愛恨情仇，最眞的情感，在生離死別時才能徹底體會。

我見過病重者彌留時，家人在一旁哭得死去活來的，然而當他一嚥氣，有的人從哭臉變成笑臉；還有的人爲了爭家產，在還未冰冷的遺體旁就上演了全武行；也有些家人，在喪禮結束之後，身分從親人變成遠房親戚，再也沒有以前的熱絡往來，甚至斷了聯繫，下一次的見面，不是家族的婚禮就是喪禮……。

彷彿，少了一個人，關係就變得不一樣。

說起來好像很扯，卻是現實。

我倆默默看著屋裡的家屬收拾想要帶走的東西，待他們將財物整理得差不多時，我和同仁進入房內，準備開始整理清潔。當我又重新回到了房間，看到了床上的人形，心中只感悲涼與鼻酸。

佳節，是團圓時刻。只是這一家已無法再圓。

盧是我聞

「每逢佳節倍思親」，每年到了團圓節日時，這家人是否會想起過往的丈夫、曾經的父親？還是想起這一天，他們終於從暴力陰影之下逃脫？而如果亡者有預想到會這樣孤獨死去，當初還會用暴力的方式對待家人嗎？不過，我相信「狗改不了吃屎」，就算想到，也絕對難以辦到（就跟減肥一樣，永遠都想減肥，但是眞的瘦下來的屈指可數。）。

對待自己的老婆孩子，應是彼此相愛，既是一家人，爲何要用肉體與精神上的暴力對待？成了家，卻沒了家人，只剩下一個稱爲「家」的空殼，離散多時，是否有想過能一家團聚？

而誰又能想到當一家人總算能聚在一起時，自己早已成一具乾枯腐朽的屍體，躺在冰冷鐵床上等待親人確認身分……。

獨居於此，孤寂離世，當初又何必成家？到底是家人？還是施暴者？是仇人？還是最熟悉的陌生人？

走上絕路，就能解脫嗎？

當人們拋棄了賴以維生的技能或工具時，該怎麼活下去？

某一次的工作現場是在大樓頂樓加蓋的出租套房內，那兒的住戶主要是外籍移工。當我去到現場時，雖然是白天，走道卻仍一片陰暗；我走向最後一扇房門，那是當天要清潔的地點。

一打開房門，異味撲鼻而來，房間內一片凌亂，電視播放著國會新聞，螢幕中的立委正盡責地質詢行政院長官；而輕鋼架搭建的天花板，還懸掛著一截用電線做成的繩套。放眼望去，床上、地上都是發黑的血跡，浴室內擺著瓦斯爐與瓦斯桶，牆邊的炒菜鍋裡則是燃燒後的炭屑與石礫。

委託人是這幾間出租套房的房東，在交談過程中，他說起了這位「前」房客的事情。在數月前，開計程車的房客跟委託人說能不能拖欠一陣子房租，等他把車賣了就能把房租繳清；當時委託人就覺得不太對勁，趕忙跟房客說房租不急，可以欠一陣子，千萬不要把生財工具給賣了，已經要六十歲的人了，工作不好找，等手頭寬裕點再補齊房租就好。

就在上個月，房客把積欠的房租全都繳清了，委託人關心後才知道，房客還是把車給賣了。那時委託人仍然覺得不對勁，怕房客可能想不開，本想說下個月就不收他的房租，之後再貼點錢請他搬走。只是計畫永遠趕不上變化。

一周前，房客曾試著在浴室燒炭，但因爲燒炭所產生的味道從排風管傳了出去，隔壁室友聞到味道，以爲發生火災便強行進入屋內，阻止了他的尋短。本以爲一次不成就不會再有下一次，沒想到房客這次居然選擇服藥自殺，直到數日之後從房間傳出屍臭味，才被人發現。

委託人還問我有沒有看到掛在天花板上的電線，當警方給他看過現場的照片後，他著實的嚇了一跳，他說他忍不住的想，「要是……服藥也失敗了，前房客還會繼續用準備好的電線，上吊自殺嗎？」

一個計程車司機把自己的車賣了，他要怎麼工作？

有的人會說可以跟車行租車。租車？一天租金至少五百元，還要負擔油錢、三餐還有其他花用，加上現在開計程車的司機那麼多，競爭如此激烈，如果要用更多的工時來換取更多的金錢，一個將近六十歲的人，他的精神與體力能否負荷？工作一天下來，賺的錢扣除必要開銷，還剩下多少？生活過得下去嗎？

有的人會說可以轉行做其他的。轉行？快要六十歲的人，找工作容易嗎？或許去工地當粗工，但是粗工一天在外打拚的固定花費（涼水自備再加上午餐吃自己），還要被人力公司抽傭，高強度、高勞動的辛苦一天下來，僅能賺個千餘元，能維持生活嗎？

那當保全呢？可能是不錯的選擇，薪資比較有保障，還有勞健保，加上保全是個離職率遠遠高於求職率的工作，以及高樓大廈不斷蓋起，保全人力的缺口永遠都補不齊，工作應該不難找到。只是保全不是喝茶看報混時間就好，每日的超長工時以及許多要注意與學習的地方，他是否能夠勝任？

＊＊＊

當清潔的工作完成後，師父來到了現場進行引魂與洗淨的法事。儀式過程中，這層樓的住戶在彼此互相招呼下來到了房內，雖然參與者都是外籍移工，但是他們仍依照著台灣的信仰，有的人雙手合掌，有的人持香祭拜，站在師父的身後和房東一同參與。

師父手持清香，口中發出低沉的誦經聲，晃動手中法器發出叮鈴叮鈴響亮的搖鈴聲，在一高一低的音頻中，調和出穩定人心的聲音。隨著香煙裊裊，安撫了在場所有人的不安，也讓有情眾生有了歸宿。

儀式圓滿後，眾人一一向前插香、雙手合掌鞠躬一拜，對曾經的室友表達追念與祝福。相逢相聚就是有緣，當他們知道此事發生時，也感到心酸與不捨；雖然國籍不同，語言不大通，年齡也不一樣，看似外人，卻同爲異鄉遊子在外打拚，很能夠體會彼此的難處與無法說出口的辛苦。

盧是我聞

在從事現場清潔的這幾年，最常見到有三種自殺方式：自縊（也就是上吊）、燒炭及服藥，想不到竟有人差點全都試過了……。究竟是什麼樣的現實、什麼樣的環境，逼得人如此絕望？絕望到能拋下活著的動力，想自我了斷的意念如此堅定……。忽然覺得有點惆悵，如果有下輩子，還想當人嗎？要將希望寄託在來世或彼岸嗎？倘若眞有佛家說的「彼岸」，但願眞的到了那兒，就能得到解脫與救贖！

跟廢墟沒兩樣的家

接到這次委託時，我立刻開車前往。但很不幸地，當天因爲天雨路滑，在高速公路上，我後方的車輛刹車不及而撞上了我的T牌車。我下車察看情況，還好只是小問題，保險桿壞掉而已（對方車輛毫髮無傷），報個警、做好筆錄後，交由保險公司處理即可。

想想，也算是我的運氣好吧，這輩子買不起BENZ，這次居然有這福氣讓BENZ撞，也算是難得有一次機會可以「近距離」接觸好車。

雖然人車無恙，但是接下來要忙著去警局做筆錄，沒有辦法立刻趕到委託地點；不得已，只好請從事殯葬業的友人代替我先行前往確認情形。經過了約莫一小時左右，當我還在警局才剛做完酒測、正在做筆錄時，電話響了起來。

朋友打來，語帶警告的說：「你最好有點心理準備，這裡不只是臭，而且已經不能用亂來形容。」

「一個房子是能有多亂？」滿腹狐疑的我回道：「能麻煩你拍一下現場再傳給我嗎？」

不久，我手機裡的通訊軟體傳來現場環境的影片，那是朋友站在陽台往室內拍攝的，當我點開影片後，影片中的客廳堆滿了紙箱、寶特瓶、雜物、垃圾，電燈早已毀壞，電視被掩埋在垃圾堆中，只露出了頂端。而分隔客廳與前陽台的門窗皆已毀壞，只剩下鋁框作爲裝飾，早已沒有擋風的功能。

看過影片後，我立刻打電話給對方：「你確定這裡有人住？這裡跟廢墟沒兩樣耶！」

友人幽幽的說：「我就跟你說很亂了，根本找不到地方往裡面走，給你看影片讓你有點心理準備。還有，這邊的動線很差，我看你在這邊有得做了，我先幫你跟委託人討論一下後續的情形，你慢慢來沒有關係。」

兩個小時後，我總算抵達了現場，是一條很狹小的巷弄，兩側都停滿了違停的機車，還有拿來佔據空間的盆栽。我才剛到一樓門口，就看到朋友與委託人正等著。這是我從事這份工作以來第一次遲到，還遲到了那麼久，我忙不迭的跟委託人道歉，還好委託人不介意我遲到，只是希望我盡快將問題處理完。

友人見到我，拍拍我的肩膀，感慨的說：「你保重，好好幹。」就離開了。

這次執行的地點在五樓。剛開始走兩、三層樓時感覺還好，沒有什麼不對勁的地方；然而從三樓要走到四樓時，我就開始懷疑當初做樓梯的人是不是在喝醉之下工作的，整個樓梯的扶手都是向著內側傾斜，顯得樓梯越來越狹窄。上到五樓時，就看見門口的空間已被頂樓加蓋而搭建的鐵製樓梯佔據了約三分之一，剩餘的空間僅足夠二人站立。

當我開門走進屋內，看到眼前的光景，只有一個想法，「他（指友人）的攝影技術也太好了吧，影片看起來比現場整齊太多了。」

只見滿地的垃圾，而在垃圾底下，則是已經乾涸的屍水，唯一較爲空曠的地方，是牆邊一角。地上還有一床深紅色的被子，不曉得是不是當初往生者躺臥的地方？

在屋內，一直隱約聽到「吱、吱」的聲音，應該是老鼠吧！在這樣的環境下，有幾隻老鼠也不意外，所以當時我也不以爲意，就繼續做著我的工作；才將地上一床已髒臭不堪且濕黏的被子掀起時，便看見充滿血水的地板上有兩大坨靠著屍體的養分而成長茁壯的蛆。肥滿的蛆不斷爬行、扭曲糾纏。

我默默的清完地上的蛆，開始整理起垃圾，過程中，那「吱、吱」的老鼠聲音越來越清晰，在拿起一個紙箱時，就看見了一隻老鼠躺在地上，仍不住的顫抖著。不曉得牠是不是曾經咬食遺體所以變成這樣，畢竟在食安問題下，黑心食品氾濫，可能在不知不覺中，我們吃下的化學元素，都能形成化學元素週期表了。這麼毒的身體，再加上時間的催化，讓腐敗的身體變成天然的毒老鼠藥。

隨著我加緊腳步清理垃圾與廢棄物，也不斷的發現躺在地上顫抖的老鼠。不論大小，從牠們的嘴中，發出陣陣的悲鳴。

時間一分一分經過，我也整理出一包接一包的垃圾，客廳逐漸恢復寬敞。接著我向房間走道前進，地上堆著一瓶瓶米酒頭的空瓶，越過這些空瓶，我先進入房間查看室內的情形。

約略五坪大的房間，家具只有一張桌子和一座床組。桌上放著一台電視，旁邊的奶粉鐵桶裡則放滿了一塊錢。床墊沒有鋪著床單，不知道往生者在上面睡了多久，床墊早已發黑，冒出陣陣汗酸味；床旁的角落，則塞滿了衣服，猜想那應該是他的「衣櫃」，房間角落也立著一個床墊，和床上的床墊一樣發黑酸臭。

出了房間，我來到了浴室，本想先上個廁所再繼續接下來的工作，但是一看到廁所，就讓我尿意全失。

浴室布滿了黑垢，喪失沖水功能的馬桶裡堆積著糞便，蒼蠅在上面盤旋著，垃圾桶則裝滿了衛生紙，仍不斷的往上堆積——垃圾桶好比一個紙盒，而這堆衛生紙是一顆顆的爆米花，沾有糞便的地方就像爆米花的焦黃色……。一時之間，我覺得這昏暗的浴室是一間電影院，馬桶是座位，旁邊擺著一盒爆米花，就等著別人坐上去，拿起爆米花享用這片刻的時光。至於爆米花是什麼味道？這就有待想像或是依靠一位勇者確認。

看到這樣的場景後，我決定，先拿水桶裝水把糞便沖掉，再把這杯「爆米花」放入垃圾袋。然後我脫下裝備，去外面的商店借廁所。

室內逐漸恢復乾淨，異味漸漸消散。這時，我打開了放在角落的冰箱，想看看他冰箱內都放些什麼；沒想到，當我稍加用力向後拉，冰箱的門應聲而開，但門沒有和冰箱連在一起，而是在我的手中。我看著手上的冰箱門，再看看失去門的冰箱，心中一句「挫賽」，不知道要不要賠人家一部冰箱。

冰箱雖然插著電，但已無冷藏的功能，裡面擺滿了垃圾、瓶罐；我打開冷凍櫃的門，同樣也和冰箱失去了連結，裡面也塞滿垃圾，還有蟑螂在裡面爬行……。

數個小時經過，總算將房子清理乾淨、臭味也去除掉後，我去找了房東，跟他報告工作的結果。言談中知道，樓上的房客一住就是十三年，房租的繳納都很正常，房東只有在五年前曾經幫忙換浴室設備時有上來過，那時亂歸亂，卻沒有那麼多的垃圾。這次是因爲他的房租逾期多日未繳，房東因此上樓查看，才發現這樣的情況。

至於這個房子，現況已如此糟糕，房東勢必得再花不少費用重新整理才能繼續出租吧。我離開了這裡，開著我的車，前往修車廠。

盧是我聞

都說「金窩、銀窩不如自己的狗窩」，再髒、再亂的屋子，也可能是一個人最後的棲身之處。雖然我不知道屋內人的故事、而他也已不在世上；但我能做的，是還給曾經住在這裡的他一個乾淨的家（即便那是租來的）。

吃不到的饅頭

有一回，我受委託到一個緊鄰公園的社區工作，抵達時已是晚上，仍有許多人在公園散步。我和委託人相約在公園見面，對方的話不多，只告訴我現場的正確位置，並交給了我兩把鑰匙後就離開，離開前對我說：「請處理好後跟我聯繫。」

我進入了社區大樓，搭乘電梯向上，到了事發地點門前，那是一般住家樣式的兩道鐵門。第一道鐵門雖是鏤空的，但有金屬細網包覆著鏤空處，早期是爲了在不打開大門之下，可以從空隙中看清來客是誰；可是隨著時間一久，卡在細網上的灰塵漸多，反而擋住視線，早已喪失原來的功用。而第二道鐵門，則沉悶悶地將內外分隔成兩個世界，不僅遮蔽了外人的窺視，也掩蓋了室內的吵雜，以及阻擋了氣味的散播。

我打開第一道門，大門開啓時的伊呀聲，彷彿臥榻在床的病人所發出的呻吟。接著再打開第二道門的喇叭鎖，我右手握住門把，推開沉重的鐵門。那吃力的感覺，就像屋子的主人在抗拒我的侵入，生怕一個不小心就……。然而再怎麼抵抗，我還是進到屋內，也打破了原有的平靜。

我觀察了一下現場，雙眼穿過防護面罩所看到的，是極爲普通的住家，標準三房兩廳的配置，陳設極爲簡樸，電燈正亮著，電視則如常地播放晚間新聞，而電風扇的葉片不停旋轉，攪動著室內的空氣，讓屋內的屍臭味更加快速的流散到每個房間。

桌上，散落著原本不屬於這裡的橡膠手套與屍袋包裝套，就和我的出現一樣，是如此格格不入。只見沙發與地板上都是蛆蟲。暗紅色的牛皮沙發，還沾附著皮膚，那是屍體腐敗後而自溶的皮膚，地板上則是一片血跡與油脂。白色的磁磚，搭配紅色的血液以及淡黃色的油脂，乍看之下，就像調色盤上的水彩不經意地混合著。

我關了電視，房子重回寧靜；關了電風扇，葉片逐漸停止旋轉的同時，悶熱感直襲而來。

我往地板倒下溶劑，開始整理沙發與地板。雙手動作著，在刮除黏附於地板上的油脂與組織時，腦中浮現了一句話：「法國人爲吃而活，英國人爲活而吃。」生活方式的不同，影響了我們的飲食習慣，但歸根究柢，爲了最基本的生存，我們不得不吃。吃下去的食物，經過消化吸收轉變爲能量，部分會形成脂肪儲存在身體裡。如今，亡者曾儲存的能量，再也無法利用；甚至，經由我的清理，也把他曾經存在的證據給刨除了。

清潔的工作已逐漸完成，經過刷、洗、擦、拖後，地板逐漸恢復原來的白色，接下來便是處理周圍物件的時間。客廳桌上的碗裡有一顆饅頭，表面已隨時間乾硬發黃，拿在手上，簡直是硬邦邦、打人會痛的石頭，讓人無法跟平常吃的鬆軟Q彈的饅頭聯想在一起；而不遠處的地上，是另一顆饅頭，發黃的饅頭沾染了血跡，靜靜的躺在地上。兩顆饅頭都沒有被吃過的痕跡——想是亡者怕肚子餓而買了饅頭，卻無緣吃到。

清理完周圍物件後，我脫下了面罩，卻仍聞到一股腐敗的氣味。順著氣味，我來到了廚房，瓦斯爐上有個加蓋的鍋子，我將鍋蓋打開，裡面是一鍋湯（或者說，曾經是湯），裡面只剩下海帶、豬肉與蔥花，湯水已將見底，湯的材料已腐壞，鍋內布滿黴菌，伴隨而來的是腐臭與酸味。

我將這鍋「湯」打包清理後，又在微波爐裡發現了一盤菜，一盤不完整又長滿黴菌的菜，不知道經過了多少次的反覆加熱，還繼續的食用。老人都是惜食，總想著一粥一飯得來不易，已不在意口腹之欲，東西吃不完也捨不得丟，反覆加熱食用，只求填飽了肚子，卻也流失了健康。

清潔完現場後，我打了通電話給委託人，和他交代已完工，便在室內等他前來確認，沒問題後，我便拿起裝備、關上了電燈，房子頓時又陷入了黑暗。我和委託人一起離開，關上大門，下次開啓又是何時？

坐上車後，我到了豆漿店，買了饅頭與冰豆漿，爲身體補充能量，也是對一個逝去生命的緬懷。

盧是我聞

有人說年紀大了腸胃較弱、吃不多，所以會吃得比較簡單；然而，吃什麼或許不重要，怎麼吃也不是重點，只要有人陪，都是美味。孤寂的生活，寂寞的內心，吃得再豐盛也不覺得香。我不禁想，一個人在偌大的家，獨自吃著饅頭，會是什麼味道？

蝸居，一坪大的空間

因為發生這樣的事件，讓我有些感觸。

某次，當我們抵達委託的現場時，先看了一下周邊的環境。一樓出租做辦公室，約莫七、八坪左右，雖然不大，但是一應俱全；不過走上沒有扶手的樓梯到了二樓時，便是不一樣的光景，扣除走道、公用浴室及晾衣服的陽台，已剩下不多的空間內，竟用夾板隔了「四間」房間。

異味就從事發房間一陣陣的傳了出來，房門旁的牆上貼著月租繳交表，一個月三千五百元（心想真便宜，這價錢和我十多年前念書時租的房間是一樣價錢呢），不過，一打開門進去，映入眼簾的景象卻讓我傻眼與無言。

鳥籠大的房間約莫一坪大小，在擺了張床跟電扇後，就只剩一小塊空間可供行走，當時還是炎熱的夏天……。唯一值得慶幸的是，房間因爲在邊間，還有扇對外的窗戶，算是景觀房吧，在悶熱的夜晚還能夠感受一絲從窗外吹入的涼風。

看著床上沾有屍水的衣物與棉被，床邊散落的飲料罐、堆疊的便當盒，電風扇仍賣力工作，嗡嗡轉著扇葉，吹出來的不只是熱風，更帶著一股悲涼。

我持續的清理著，心中不免也想，「這樣的生活，眞的是生活嗎？」從散落的證件資料來看，亡者才二十九歲，居住在這樣的空間，對未來他有什麼想法呢？

一坪大的空間，是他生活的地方。這是他的選擇，還是不得已的屈從？每個夜晚，就只能帶著便當待在像蝸牛殼大小的房間裡，度過一個又一個的夜晚，酷熱的盛夏，電扇吹出的風卻感受不到絲毫涼意。

一坪大的空間，就是他的世界，與他帶給人們的記憶。

＊＊＊

蝸居，蝸牛的居所，顧名思義，用來比喻窄小的住所。

相信很多人都有住過如蝸居般狹小住所的經驗。像是念書時，因爲學校離家遙遠，不得不選擇住校，而學校的宿舍通常是二到六人一間，彼此共享著居住空間；但要是沒有抽到宿舍，或是想要有個獨立的居住環境，爲了省一點錢，也因爲居住時間較短、不是整天待著，對於室內大小的要求不會太過在意，便會選擇在外租賃空間較爲侷促、租金相對便宜的套房、雅房。像我也曾經「蝸居」過一陣子，記得那是放下床跟桌子後，就沒剩下多少空間的套房。

然而「蝸居」的現象，如今似乎已不限於學生。在台灣，買房子是多數人的願望，但在經濟因素、薪水有限的情況下，買不起房子的人只能選擇租房子，不過房屋租金節節高漲，租房子對現代人來說也不再那麼容易了。住不起舒適的大空間，只得退而求其次去租狹小卻較便宜的房間，通常不過三坪左右（更小的不到一坪都有），除了一張床和衣櫃，便沒有其他的空間擺設物品（有時還不得不與其他人共用浴廁），實在就像是居住在籠子裡。新聞也曾經報導，有些屋主為了可以多租給幾位房客，將有限的空間一隔再隔，甚至還有將陽台稍作整理、擺張床，就當成雅房出租的，而且仍有人願意租。

無論是為了省錢或為了便利，像這樣的居住空間，住的人竟也不在少數，大家求的只是有個地方能夠休息睡眠，所以不得不與數人甚至數十人共居於同一樓面，生活品質必然不佳，汙穢雜亂在所難免。但為了生存，只能不斷的忍耐，因為已無力再負擔更好的居住條件。

令人擔心的是，從居住安全面來看，密集的居住空間加上屋主任意改建，容易造成火災時的延燒及逃生困難，伴隨的就是許多無辜的性命，新聞或許會騰鬧一時，然而風波過後，卻無人再憶及此事。

另一方面，造成台灣蝸居現象日益增加的原因，來自老年化社會現象逐漸擴大，部分屋主因怕擔負獨身老者死亡的後續處理問題，故而拒絕將房屋租給老人們，因此老者也不得不選擇轉住於較爲低劣的居住環境。好比新北市三重區的二十九街，那兒原先是住商大樓，但因爲生意不佳，導致商家遷出、成了空屋，慢慢地變成三不管地帶，被有心人占地加蓋違建後出租。汙穢髒臭的大樓內，住著獨居老人、遊民……等等，組成份子複雜，治安又難以維護，容易造成社會隱憂。

居住在只比棺材大一點的環境，「活著」究竟是爲了什麼？不是沒有努力過，但生活很難有所改變。電視節目裡縱情享樂的生活像有夢最美的天方夜譚，遙不可及；現實中的每一天，只能數著還剩多少錢、想著再過幾天能領薪水，於是漸漸的習慣，也漸漸的麻木。何時才能改變呢？會有改變的一天嗎？「活著」，或許就只能是活著，而對於未來，也是過一天、算一天，任憑生命的時間倒數，直到老去、直到化成一坯土……，再也沒有其他能思考的。

盧是我聞

「命運，是沉睡的奴隸。」人們常說：「要改變，需要勇氣。」但從事現場清潔以來，我看到那些人已無提起勇氣的資本，麻木的情感讓他們只能機械般的生活，日復一日，直到死亡來臨；也有些人，想要逃離原本的生活，卻用更墮落的方式逃避，酗酒、賭博、縱情聲色……，只是加速沉淪而已。

諷刺的是，活著不被人重視，但隨著死後腐壞了、發臭了，才讓人們開始意識到某人的存在與離去，從而想起，他曾經活在這世界上，甚至開始議論起他的是與非……。生命的價值，到底是什麼呢？

來不及再見

第一次，相信她也是第一次發現世上有如此詭譎巧合的事情發生。

當時委託人和我聯繫，希望我能過去協助。她說之前在某個地方看過我的故事，沒想到現在居然需要我的幫忙。

我到達和她約定的地方後，遠遠看著身穿一襲黑色素服、帶著一頂鴨舌帽的委託人，臉上盡是憔悴與悲傷。見面時，她噙著淚水，緊閉的雙唇微啓，對我說：「我不敢上去，你可以自己上去看嗎？」

現場是一棟由透天厝改建的分租套房，我到了三樓，就看到左方的門口掛著封鎖條，我打開門，望著五坪大的套房內，滿地的血跡；再巡視了一陣後，便退了出去，和委託人簡單的交談。

她說：「發現爸爸變成那樣子的時候，心情覺得很慌張害怕，對爸爸有著滿滿的抱歉。因爲前陣子打電話給他，手機都關機，後面的幾天也都沒有開機，當時以爲他在生氣我沒有陪他，所以有時等孩子睡了，我才能到爸爸家樓下等看看有沒有人開門讓我進來。也很巧的那時候我公公要從日本來看孫子，所以耽誤了很多時間，等發現時爸爸已經過世多日……。碰巧前陣子在網路上有看到您發表的故事，讓我想到了您，所以才聯絡您過來清理現場，我完全不敢上去再次面對，當時的畫面至今在我腦海揮之不去，只好麻煩您的幫忙了，眞的很感謝。」

短暫聊完後，她便離開去處理後續喪葬事宜，而我們開始進行現場的特殊清潔。收拾了地上的衣物棉被、清洗地上的血跡、整理那些遭汙染的家具，清潔的過程中，看到了一張通知出獄的信函，才瞭解，剛出獄享受著自由的往生者，卻又遭逢不幸。生命的殞落，是否再次解放了被束縛的靈魂？

有一天，他會瞭解到「每個人都有自己註定的命運」。人在年輕的時候，可能會走錯路，可是最後，「還是會走向自己該走的道路」。

清潔完畢後，剛好遇到委託人與師父準備上樓，到房間進行引魂事宜。委託人害怕得不敢上去，她說：「我不知道要拿什麼心態面對。我害怕那景象，我對味道感到恐懼。」

我對她說：「妳調適一下心情，慢慢走上去，房內的情景已跟當初不一樣了，不會有血跡，也沒有味道了。妳找我來還不相信我嗎？不要擔心，也不要害怕。」

我看著她舉步維艱的走上樓、來到房前，正猶豫著是否要開門時，禮儀公司的人員安慰了她一陣後，她才打開了門。我看到她的眼神從猶疑恐懼轉變爲驚訝感激，她轉頭對我說：「跟原來的情況眞的差很多，明亮很多、很乾淨，也沒當時那種腐敗味了，你們好厲害，謝謝你們。」

我點頭對她致意後，在師父莊嚴誦念的佛號下，只見她雙手合十，順著師父的引導，開始了引魂儀式。

盧是我聞

記得張愛玲曾這麼寫過：

「有些話有很多機會說的，卻想著以後再說，要說的時候，已經沒機會了。」

「有些事有很多機會做的，卻一天天推遲，想做的時候卻發現沒機會了。」

「有些愛給了妳很多機會，卻不在意沒在乎，想重視的時候已經沒機會愛了。」

女兒心中的慈父倒下之後，她的心，也碎成了一塊塊。

願你成爲自由的青鳥，以慈愛之父的靈魂照看著她。

生與死的墨跡

某天一早收到任務，我來到位於某山的社區。到了現場，放眼所見，除了走道以外，只能用「雜亂不堪」來形容，三房兩廳的空間到處堆放雜物，室內空氣瀰漫著屍臭及食物腐敗的味道；進入房間，物品散落一地，像是遭人闖空門，亂到無話可說；望向主人的睡床，床墊看起來就像是有人把顏料潑灑在上的畫布，墨水漸次暈染開來，為白淨的畫布，渲染出不一樣的色彩。

可能有人想問，案件現場怎麼會有顏料？原來……，那些山水畫般的「墨跡」，來自主人死亡多日後從身上滲出的體液。

我退出了臥室，與委託人們搭起了話。

這次的委託人有三位，分別是兩女一男，其中一位頭戴鴨舌帽、綁著馬尾，秀麗臉龐布滿淚痕的女子，始終默默站在一旁，聽著我們的對話。

我從談話中得知，房子的主人是委託人們的父親，他在此租屋獨居。因隔天剛好是租約期限的最後一日，還有其他因素限制，所以必須在很短的時間之內將房子裡所有的物品清空，以便進行點交。

我與委託人確認好工作內容後，他們先行離去，而我接著開始清理。但是因為一屋子東西實在太多，時間又相當緊迫，只能立即調動所有同仁前來支援。

不一會兒，大夥兒陸續抵達現場，其中還有一位初次上工的實習清潔人員。當其他人整理裝備時，我跟實習生就先上樓察看現場。我們才剛走出電梯，實習生就開始五官糾結，腳步越來越沉重，好像在泥濘中跋涉，困難的前進中。

我看到她不舒服的樣子，就馬上問說：「怎麼了嗎？我剛剛有先簡單處理了一下，現在走廊的味道應該沒有那麼重才對啊……。」其實我不該那麼說的，因爲我完全忽略了她是第一天來到現場，聞到的任何味道對她而言都是極爲惡臭，眼見的任何一幕都是非常驚恐。

只見她搖了搖頭，直說沒事，所以我也沒多想、自顧自地往前走。當我一個箭步打開大門後，又一是陣濃厚的異味飄出。而就在此時，我突然聽到後方傳來「碰」、「蹬」、「啪」的聲音，還以爲出了什麼事情，立刻回頭一看，原來是應該在我身後支援的實習生所發出的聲音！請放心，她不是昏倒，她……，她竟然逃跑了！

雖然大門距離電梯只有十多公尺，但看到有人可以在我轉頭的瞬間，說時遲、那時快的狂奔到電梯前，手指還不停按著向下的按鈕，沒等電梯門完全打開，便立刻竄了進去，然後又急忙的戳著按鈕催促電梯門關上。我想，這一切發生可能還不到十秒吧！人的潛力果然是被激發出來的，只要遇到不對勁的情況，腎上腺素立馬發揮作用，好在最短的時間逃離危險現場。

我關上大門、慢慢走向電梯，按下電梯按鈕，回到了一樓，看到剛剛用盡全力逃跑的實習生蹲在中庭乾嘔，我上前遞了包面紙並慰問她：「還好嗎？如果受不了的話要不要先回去？之前有跟妳說過，我們的工作環境一般人很難接受的。」

她伸手接過面紙，一邊擦嘴、一邊點點頭，不知道她點頭是想回家還是想繼續做下去？我想應該是後者吧！就輕聲的對她說：「喝點水，坐在椅子休息一下，等心情平復後妳就先回去。」

她搖搖頭，眼中帶淚的說：「我可以繼續工作的。但你沒先告訴我味道會那麼重，我沒有心理準備，所以門打開、我一聞到味道就嚇到了。」

我說：「剛開始都會這樣，你沒有吐已經算不錯了。你再休息一下，等會跟其他人一起上來。」旁邊正在整理裝備的同事們一副老鳥神情，看著我跟實習生的互動，他們臉上戲謔的表情，只差沒說出口：「菜比八，被嚇到了喔！先前還一副天不怕、地不怕的樣子，震撼教育一下就知道自己有多少斤兩了吧！」

我獨自回到現場，開始整理起屋內的垃圾，先清出一些空間。沒多久，其他人（包括實習生）也一起來到了屋內。

簡單的分配工作後，我們便各自分組進行。屋內髒亂不堪，餐桌上的鍋貼早已成爲蟑螂的餐點，酸辣湯的表面浮著一堆蛆，還不斷的冒起泡沫；冰箱裡面除了食物，還塞滿許多醃菜醬料，以及從便利商店拿回來的調味包；浴室的馬桶，排泄物已堆積超過水面；陽台上的衣服，在反覆穿洗之下，許多都已破洞，領口也鬆垮成荷葉邊。

老人的生活，不得不與髒亂爲伍，到底是安享晚年，還是等死？

而老人的房間，是他生前待的最後一個地方，房裡有張不知陪伴他度過多少寒暑的床。泛黃的白色床單，被遺體的體液渲染成紅色與褐色，就像畫布上淡淡的墨跡，繪著一個人的生，畫著一個人的死。

不得已，要透過我們的雙手，一點一點清除屋主曾經活著的痕跡，才能慢慢地騰出屋內的空間。在整理的過程中，不時有左鄰右舍前來關心，不僅談論著他們所認識的老人，還不停地罵著他的女兒如此不孝，爲何從不前來探望，導致憾事發生。

就在一位婦人不斷大聲嚷著往生者女兒的不是時，正好委託人來到了現場。婦人一看到委託人，才剛要說出口的話立即吞了回去，然後就轉身低頭離開，同時，女委託人熱辣辣的雙眼直盯著她，目送她的離去。不曉得那位婦人若看到她的眼神，會是怎樣的表情？

方才來到現場的，僅有最初時和我談話的一對男女，他們看過現場的狀況後便隨即離去。

時間一分一秒的經過，從白天工作到黑夜，在眾人的努力下，房子已恢復原有的寬敞，環境也恢復整潔。辛苦了一天，總算達成委託人的要求。

這時，頭戴鴨舌帽、綁著馬尾的委託人隻身來到現場。她雙眼泛著血絲、眼皮浮腫，顯然是剛哭過的樣子。她看了現場環境後，眉頭深鎖，又流下兩行清淚。

實習生見狀趕忙上前勸慰，還拿起我給她的那包面紙，讓委託人擦淚；在她的關心下，委託人娓娓向我們說出內心的感受。

原先和我談話的兩位委託人是她的姐姐與姐夫，姐姐的母親過世後不久，父親即再娶而生下了她，所以她倆是同父異母的姐妹。然而大女兒對父親的再婚很不諒解，因此在出社會後便和家人較少聯繫。

而她則因爲工作的關係，和父親也比較少見面。前些年她母親過世後，雖然想接父親來家裡住，但他卻不肯接受，只是偶爾會到女兒家住個幾天。她對於父親家中雜亂的情況雖然了解，但是礙於父親的拗脾氣，想要幫忙整理鐵定會換來他一頓罵，有心卻也無能爲力。

她曾與父親相處的美好回憶，竟然蓋不去也抹不了床上那淡淡的墨跡帶給她的震撼。

當警方通知父親的死訊後，她急忙趕回來處理後續事宜，姐妹倆一回到父親的家、與我見面之前，姐姐便對她表明，「待父親的事情處理完後，姐妹倆的關係就到此爲止，以後不要再往來了。」

雖然她很少和姐姐見面，但是在父母相繼離去後，聽到這句話，也讓她頓時覺得自己再也沒有家人了，這世界上只剩她孤身一人。潰堤不止的淚水，不僅僅是爲父親的驟去而哀傷，也是爲她自己茫然孤寂的未來而哭泣。

盧是我聞

根據官方資料顯示，台灣早在一九九三年就正式邁入高齡化社會，每一百個老人當中，就有十二人獨居，傳統三代同堂家庭逐漸凋零，取而代之是單身或核心家庭型態。也因社會型態改變，台灣的老人與子女同住的比率越來越低，形成獨居老人的現象，也因而發生了不少孤獨死亡的事件。

孤獨死，指的是沒人照顧、獨自生活的人，因疾病等等原因在住處往生，且臨終時無任何親人在場；當然此現象不僅發生在老年人身上，也發生在那些被社會遺忘的弱勢族群。有許多情況是個案本身已經喪失「自理」生活的能力，和親友也逐漸斷了聯繫；他們的居住環境雜亂不堪，堆滿了酒瓶、藥物以及垃圾，有時想打理，心有餘而力不足，只好生活在自己建構的「舒適圈」中。獨居者活著的時候就像「人間蒸發」，即使已在家中死亡多時，遲遲未被發現也很正常；往往都得等到傳出了屍臭味，才會引人注意，也才讓人想起往生者曾經存在過。

孤獨死，在台灣已不是新鮮事，但台灣一年有多少孤獨死案例？官方沒有統計。目前全台獨居老人超過三十萬，台灣老化速度已超越日本，從日本經驗來看，孤獨死絕對是政府該重視的議題。然而，如果政府連統計資料都沒有，要怎麼談最基本的預防與協助？

我們的工作，是超然、是專業，不是很偉大，但卻是必須。當哪天不需要我們的時候，或許就是政府肯用心去「苦民所苦」，正視身處社會暗角的人們，並用積極且正面的態度去應對處理。期許台灣領導者、從政者的宏觀與對專業的尊重，減少無謂的政治角力，把心力與資源放在落實從出生到死亡的完整社會照顧，願老有所依，願老有所終。

【第三現場】

整理過後的真相

最後一本相簿

每一件接手的案件背後，都含藏著不同的生命風景，也反映出往生者不爲人知的辛酸，以及一些人生的道理。每一次的服務，對我來說，不單是工作，更是特別的過程與領悟。

每當有人問起我：「有哪一個場景讓你印象最爲深刻？」我總是語重心長地說起一樣的故事。

還記得那天，我和委託人在大樓門口見了面，長髮的她，眼神充滿憔悴與疲憊；還未上樓前，我們先在交誼廳商討後續處理，不知不覺便深聊了起來。亡者是委託人的爸爸，在委託人小的時候，雙親便已經離婚，此後委託人搬去和母親同住，因某些原因，至今十多年來未曾再與父親見面。直到接到警方的通知後聞訊趕來，她才知道父親已離世多日的噩耗。

談話結束後，我轉身拿起裝備準備上樓開工時，她猶豫了一下，忽然叫住我、幽幽地對我說：「我……可以和你一起進去屋子裡面看看嗎？我想知道這十幾年來，他……，過著什麼樣的生活？」

「當然沒有問題。」我說，於是她便與我一同搭上電梯抵達目的樓層。隨著距離父親家門越來越近，只見她的腳步越發沉重，身子止不住的微微顫抖，「是不安？或是恐懼？讓她有這樣的反應。」我心裡默猜著。

我隨著她緩慢的步伐走到大門前，推開鐵門後，映入眼簾的，便是因時間累積而形成的人形血汙，也正是她父親的倒臥之處。

親眼見到毫無遮掩與馬賽克的場景，是如此孤單與淒涼；也許是畫面太震驚了，委託人不禁的發出了一聲驚叫。就在我著裝完畢要動手整理時，原本驚呆的她回神叫住了我，希望我先不要整理，請求我給她一點時間，她想先看看父親曾經生活過的空間，了解他的生活方式。

「沒想到他竟然是在這樣的環境裡，一個人孤單的生活著……。」她不忍的低語。

房內，沒有任何的擺飾，只有幾個紙箱散放在舊沙發旁。環察觀望房內的四周，只看到幾件皺巴巴的衣服、許多的藥袋及散落的飲料瓶；而流理台內還有一坨坨不知多久沒有清理的廚餘，上頭還有蟑螂霸道四處的爬行！之後她又沉默的蹲下，將身旁的紙箱打開，箱子裡面裝著許多冊子，擺放得非常仔細整齊，她小心翼翼的拿了出來，才知是一本又一本厚重泛黃的相簿。

我站在門口默默的守候，看著她顫抖的手捧起一本相簿輕輕地翻閱。首先，見到的是一張嬰兒的照片，而隨著翻動一頁頁的照片，我看到的是一個孩子的成長過程，從「三翻、六坐、七滾、八爬、周會走」，每個時期都用照片詳細記錄了起來，有哇哇啼哭、也有破涕而笑，還有父母的溫馨懷抱及出遊回憶，當然少不了生日的紀念及生活的點滴，還有還有，那張照片應該是她第一天上學背著書包站在校門口的樣子吧！我在心中猜想著。

有一種父愛是沉默的，不輕易表現於外，內斂而深沉、眞實且溫柔的存在。眼眶含著淚水、欲言又止的她，端詳細看著一本本的相簿，我也伴著她，看著她沉浸在片刻回憶當中。我還記當她翻開最後一本相簿的最後一張照片時，那是一家人在牛排館一同和樂用餐的留影，照片裡的她，已經是少女模樣——那也是父親對女兒身影最後的記憶，從此兩人杳無音信。而今，無論來得及或來不及，總算也因爲父親的逝去，讓她眞切感受到父親內斂的愛與默默關懷。

突然，她跪了下來，雙手環抱著身子不住的顫抖，啜泣的說：「他沒有忘了我，這裡面都是我的照片……都是我的……，我好想你，爸，你爲什麼就這樣走了？」

過了許久，嗚咽聲稍停，她站了起來，紅腫的雙眼，臉頰上布滿淚痕。「美人捲珠簾，深坐蹙蛾眉。但見淚痕濕，不知心恨誰？」我心裡突然浮上這首詩。

她胸前仍環抱著那最後一本相簿，我拿起紙巾給她拭淚，請她把相本都整理歸箱，並護送她到了樓下。當我轉身打算上樓重新整理之際，她小聲又懇切的和我說：「謝謝，麻煩你了。」我回：「請放心，一切都交給我。」

盧是我聞

父親給子女的印象，常常是嚴肅而沉默；父親對兒女的愛，可能也不擅用言語表達。然而，父親將自己內斂的情感，用每一個實實在在的行動，默默關注與關心著兒女的成長，表達出對孩子的愛。

還記得朱自清在「背影」一文中，描述他的父親穿過鐵道、奮力爬上月台，就爲了幫作者買橘子。這些動作，這樣的背影，展現了父愛，雖然沒有言語，卻是最難忘也最有愛的回憶。

這個案件不是最複雜，卻讓我印象最深刻，讓我感受到父親對女兒的愛，以及女兒對父親的思念。儘管世事多變、物換星移，父女分離多年，而今也已天人永隔，但父女之情，藉著一張張的照片又串連了起來，就像是爸爸在告訴著女兒：「我永遠忘不了妳。」這份愛與思念，早已沒了生死的界限。

離鄉背井的夢想

有一次的清潔任務，是殯葬禮儀服務業的朋友請我前去協助處理的。

朋友只說：「我相信你的專業和爲人，不會亂開價，因爲往生者的父母住在很偏遠的鄉下，沒辦法立刻趕過來，但是那味道已經很嚴重，左鄰右舍跟房東都在抗議了。往生者的朋友已經先將貴重物整理保管好了，也告知過家人，所以你可以先進行整理。」

我來到現場，電梯門一開啓，就聞到一股異味，循著味道前進，當我來到味道最濃烈的地方，眼前所見，一邊是卡榫已脫落、斜倚著牆壁的鐵門，另一邊則是門鎖已被破壞的鐵門。兩扇鐵門的把手上繫著一道封鎖線，讓被破壞的門能微微靠攏，不至於大開，避免路過鄰居看到裡面的場景。而另一面牆上還貼著電費欠繳的通知。

我解開封鎖線並走了進去，裡面是八坪大的小套房，也是我當天工作的地點。

室內，電視仍然開著，螢幕一片的藍，看樣子應是有一陣子沒有繳第四台的費用，所以被切斷訊號。而遙控器躺在一灘血水之中，或許是這個緣故，沒有人敢關上電視。房間裡還擺著一套沙發、一張床和一座擺放著許多化妝用品的梳妝台；白色的沙發桌椅上有許多血跡，而床架上僅放著一張薄薄的床墊。

地板上散落的衣物遮蓋了部分血跡，卻仍有許多的血液與屍水四處流淌。花不溜丟的衣服、暗紅的血液與潮黃的屍水，彷彿將地板當成畫布，進行了一場印象派的藝術創作。一旁的牆邊則堆放著十來個未展開的紙箱，箱子底部因爲沾到血液，不僅變成暗紅色，也變得破爛不堪用。

接著，我抬頭一看，天花板上有一座用鐵鍊掛著、電線已裸露在外的吊燈，視線很自然地再沿著吊燈一路看到下方，擺著一張原來應該是白色的矮凳，現在上面布滿了點點血跡。

「是自縊而亡的吧？」我心中如此想著。

因爲現場狀況非常糟糕，我無法再多想，便開始控制汙染物。地板上被血水汙染的面積相當大，且因時日已久，到處堆積著厚厚一層血液，更增加清理難度。

清理、收拾、除臭，工作一步一步地進行——藥劑的融合、反應，能讓地板回復原來的顏色；高溫的清洗則能消滅潛藏的病菌；整理房間的過程中，也打包了一袋一袋的垃圾，裡面裝的是亡者生前的物品，有衣服、有書籍，還有包包，當初花錢購入的東西，如今已成需丟棄的廢棄物。而也隨著現場汙染物品的清除，我才發現汙染範圍比想像中大得多了。

然後，我拆下了吊燈。用鐵鍊垂掛的吊燈，本來只要承擔燈座的重量，現在卻多負荷了一個人的生命。活著、死去，只是一瞬，那可承受之重，換來的竟是不可承受的生命之輕。

接著，我進到浴室，裡面堆滿雜物，浴缸上還有許多汙垢與黴斑，鏡子上也布滿水垢。雖然清潔這些並非我們的工作範圍，但是，這裡畢竟還是一個能遮風擋雨的家啊，那就該有家的樣子。於是，我忍不住地刷洗起了浴缸、擦拭了鏡子，去除了汙垢與水垢後，才停下來。

當我將房間清理完畢，地板恢復了潔白、汙染已不復存在，便用繩子串起兩邊鐵門的門把、拉上了門。隨後我到了一樓與往生者的父母聯繫，過沒多久，兩人即前來與我會面。

在我向他們說明已經處理完現場後，他們兩人原本緊鎖的眉頭，因為心中烏雲散去而舒展了開來，雙眼也逐漸泛紅、淚水流了下來。我請他們稍坐，平復一下內心的情緒，並與他們聊了起來，聽聽他們說話，讓他們舒緩這段時間的痛苦。

「謝謝你，如果沒有你的話，我不知道該怎麼辦才好……，我們做父母的怎麼有勇氣去整理那房子……。」往生者的父親這樣對我說。

我說：「您太客氣了，這是我應該做的，既然你們委託了我，我就應該把事情完全處理好。」

往生者的母親回應我：「眞的很謝謝你，我們眞的沒想到會發生這種事情，好好的一個人就這樣想不開走了……。多虧她的表弟住附近，也一起幫忙，要不然我們怎麼來得急趕過來。」

在一陣攀談後，我大致了解往生者的情況。她是家中唯一的女兒，因爲父母都無法正常工作，爲了養家，她幾年前獨自北上到台北來，只因聽說繁華都市的工作機會比家鄉多、待遇也比較好，因此她離開了成長的地方，離開了她的家，爲了完成奉養父母的願望，夢想著讓父母過上好的生活。

孝順的女兒與慈愛的父母，彼此支持與疼惜，是她努力工作的動力。直到某天，她在待業期間患了憂鬱症，之後雖然找到了工作，但因爲精神疾病的影響，讓她不斷的離職又求職……，不但經濟堪虞，更導致病情加重。父母前陣子勸她乾脆回來家裡，大家在一起總是有辦法的，沒想到她竟走上了絕路……。

最後，往生者的父親問我說：「請問，這次處理的費用要多少？」同時，他從口袋中掏出些許皺巴巴的鈔票出來。

我說：「六百。」

他們一臉不可置信，驚呼：「怎麼可能？」

「就是六百，我說六百就是六百。」

看著他們從皺巴巴的鈔票中拿出六百元，我收了下來，並從自己的口袋也拿出了些錢，湊了三千五百元，交給他們。

「工作一定要收費，但是收了後怎麼使用是我的決定。這些錢是我的一點心意，你們辛苦了，等下我們現場確認沒有問題後就先去休息吧。」我說。

我陪著他們看了現場環境，目送他們離開後，我也離開了現場。

盧是我聞

但我，窮，只能有美夢，
我把我的夢鋪在你腳下，
輕點踩，因爲你踩著我的夢。

——〈他祈求錦繡天衣〉，葉慈（W. B. Yeats）

要不是生活不易、求職困難，或是爲了更好的待遇，有誰會願意離開家鄉、離開舒適圈？有人北漂、南向或西進（東邊就只能跳到太平洋啦），就是爲了過更好的生活，追求更好的出路。只是，離開了家鄉，就是出外人，一切都得靠自己。

人們爲了生活與理想，帶著簡單行囊離開了家，滿懷期待來到大都會，日夜都夢想著有朝一日能衣錦還鄉。然而，又有多少人眞能實現心中那份理想與盼望呢？還記得歌手羅大佑在〈鹿港小鎮〉裡唱著：

「假如你先生回到鹿港小鎮，請問你是否告訴我的爹娘，台北不是我想像的黃金天堂，都市裡沒有當初我的夢想。」

令人惋惜又諷刺的是，當初一心嚮往的逐夢之處，也可能是讓人失去希望甚至了結生命的地方。如同狄更斯在《雙城記》中所述：「這是最好的時代，也是最壞的時代；這是智慧的時代，也是愚蠢的時代；這是信仰的時代，也是疑慮的時代。」

最後的零錢捐

某次的現場在一處高級住宅區，抵達後，我與委託人聯繫，他請我直接上樓。我提著裝備走進大廳，向保全人員表明身份及登記後，搭上電梯到達指定樓層。「叮！」電梯門打開，我朝著門牌號碼找到這次要清理的現場，並在門口按下電鈴，不到一會兒，大門打開了。開門的是一位看起來年約七十歲的老翁，看起來很硬朗，雖然髮鬚皆白，但臉色紅潤，足以用「鶴髮童顏」來形容了。老翁熱絡地引導我進入室內稍坐，還從冰箱裡拿了瓶可樂給我，接著只見他忙不迭地向我賠禮。

「不好意思要你特地趕來，我眞的不知道該怎麼處理才好。」老翁滿懷歉意的說著。

我：「哪裡，您太客氣了，千萬別這麼說，請問哪裡有需要我服務的地方呢？」

我環顧了屋內空間，客廳裝潢簡單大方，沒有過多的擺設，環境相當優雅，並沒有任何奇怪的地方。

老翁邊說著：「是這樣的，幾天前，我的前妻在浴室裡燒炭自殺，發現後已經將遺體接到殯儀館。但是她當時是躺在浴缸裡面，裡面有點髒，想請你幫忙清理一下浴缸。」

說完，他手指著走廊盡頭關上門的房間，示意我那兒就是事發地點。

我回應道：「您請放心，容我先看一下現場的環境。」

我起身走進房間，看到裡面還有一扇緊閉的門。打開門後，即是老翁所提到的浴室，裡面還留有淡淡的炭味，門旁清楚可見曾經貼滿膠帶（以防空氣流通）的殘跡。浴室內打開的氣窗，帶入了新鮮空氣，也讓難聞的味道逐漸消散。

浴缸內，還有血跡與皮膚組織。在我第一次去除這些汙染物後，白色浴缸有些地方還殘留著淡淡的粉色，於是再次噴灑藥劑，待第二次的細清；同時，我把握時間，先清理室內殘膠。過了一定時間，才開始刷洗浴缸，慢慢地，浴缸恢復成白色。

當工作結束後，我走回客廳準備向老翁辭別。原本坐在沙發上沉默深思的老翁，看到我回到客廳後，請我坐在他的對面，與我聊了起來。

老翁說：「辛苦你了，沒想到前陣子她跟我提離婚，才辦理好離婚手續，怎麼沒幾天她就想不開了。」

我未答話，只是點點頭。

「這樣吧，我想麻煩你一件事，你離開前看一下這房子，能幫我整理乾淨嗎？等我先收拾好，過幾天後再通知你過來，幫我把家具以外的東西都處理掉。」既然客戶提出要求，我便接受了委託，再稍微確認屋內情況後就離開了。

數日過後，電話響起，是老翁的號碼。在電話中，我們約定隔天整理房子。

翌日，我們團隊一行三人抵達老翁的家，老翁請我們進屋後，旋即又坐在沙發上沉思，而我們也就默默地展開作業，整理、打包了一袋袋的衣服與雜物，待物品都裝袋後，接著開始打掃房子。

一切整理妥當後，我將從室內找到的一袋裝有台幣及人民幣的零錢與現金交還老翁，老翁卻說：「這些都是她的錢，我不想留著，都給你們吧。」

聽到老翁說的話，這袋錢留也不是、丟也不是，最後我也只能拿著一袋錢離開。返家後，我把錢分成人民幣與台幣，整理裝成兩袋後，便騎著車外出，先到便利商店把台幣都捐了出去，之後再前往友人的餐廳，記得他的櫃台有擺零錢捐的箱子。

朋友熱情的跟我說：「你怎麼有空來，好久沒看到你了，坐啊！要吃什麼自己點。」

「等等。我問你，櫃台的零錢捐，是捐給你還是社福單位？」我開玩笑的調侃詢問。

朋友趕忙回應我：「你白癡喔！這種錢誰敢拿啊！還有沒有良心，這些錢是來幫助需要的人，誰像你那麼壞心！」

我說：「那就好。」便拿出那袋裝著人民幣的零錢，「那我要捐這些人民幣。」

友人知道我的工作，便用充滿疑惑的眼神看著我說：「這錢哪來的？該不會是……？」

我點點頭，表示這錢的來源就和他想的一樣。

友人大呼：「機車耶！你幹嘛不拿去銀行換啊？幹嘛丟一堆人民幣的零錢？不換成台幣再丟，這樣很怪耶！」

我抓了抓頭，跟他說：「到銀行換很麻煩欸，一堆零錢還要慢慢分類，換錢還要手續費。這樣吧，你讓我捐零錢箱，我另外再捐五百，當作給社福單位分類跟去銀行換錢的手續費。」

友人急忙說：「那我給你五百，你拿去銀行處理。」

我回他：「怕什麼，這些錢我都有消毒，是嫌我手髒還是錢髒？錢又不是要給你，是要捐給有需要的人耶，如果你介意的話，你出手續費順便拿去銀行換。」

既然是做好事，友人只好無奈答應，靜靜地看我接下來的動作。

我先投入五百元，再將袋中零錢全數倒入零錢箱，箱內發出框啷框啷的聲音。我想，零錢金額或許不多，但也成爲往生者最後的一點點心意，留給需要的人。

最後，我和朋友說：「我剛錢都捐了，請我吃飯好不好，我知道你人最好了，一定捨不得我肚子餓。」

人生最公平的待遇

這一次的委託有點特別（因爲約了特別多次），當我和委託人見面，已經是距離我接到電話的四天後了。期間，委託人總是會在約定日期的前一晚八、九點後，打來要求延後，延到最後，連我自己都有點失去耐性，因爲每每安排好的行程又得跟著改變或取消。

到了第三天的晚上，總算和委託人確認好隔天的會面，並確定不會再改變了。隔日一早，我到了現場，是一幢透天厝，大門是關上的，我伸出手按了門鈴，卻沒有人回應。只好拿起手機，撥了委託人的電話，一通、兩通、三通……，都沒有人接起。我心中氣惱著到底是什麼情況，都已經約好了，又被對方放鴿子，明明有狀況需要我來處理，卻又如此拖拖拉拉。

過了一會兒，有個中年婦女匆忙地向我跑來，確認她是委託人後，也了解委託人是往生者的母親，需要我們協助清理她兒子的房間。她打開了大門，指示我到三樓的房間，並打開了緊閉的房門，一股淡淡的炭味竄入我的鼻腔；只見地板磁磚上，還留有燒炭烤爐的燒灼痕跡；落地窗及門的縫隙，用膠帶封得死死的，爲了不讓空氣流通。站在密閉的房間裡，聞得到木炭燃燒後的味道，感受得到鬱悶哀傷的空氣，與生命的離去。

委託人坐在二樓客廳的沙發上，看著一份又一份的文件。或許是我的腳步聲讓她察覺我的到來，她抬起了頭，招呼著我坐下。我坐在她的對面，聽她流著眼淚說著憾事的發生經過。

她的兒子退伍後找到了第一份工作，爲了讓兒子免於舟車勞頓之苦，她特地在兒子公司附近買了這幢透天厝給他住。本來都好好的，哪知道當他發現雖然月領快六萬元，但是公司給他的本薪不高，其他都是獎金，於是他開始覺得懷才不遇，老闆不賞識他，明明自己有那麼大的本事，卻給他那麼少的底薪……。

「他自殺時，在紙條上寫了『老闆根本不賞識我，既然我懷才不遇，活著幹嘛？死了算了。』」說完這段話，委託人把那張紙拿給我看。我看著紙條上面的字，是他自殺的原因，聽起來很蠢，但是有多少的社會事件，起因都讓人啼笑皆非。

看到一個人爲了賭一口氣，用一個我無法理解的理由，走上了絕路；而住不到半年的新家，一下子就成了凶宅。我眞的很難理解這樣的自殺理由，如果有不滿，大可以選擇離職，而不是賭氣地用結束生命的方式來表達不滿。爲了一吐心中的不快，卻成了家人永遠的痛。

他的人生，在一般人眼中看來，也算是人生勝利組了，剛出社會，雖然底薪比較低，但是只要肯努力，也能領到不錯的薪資。買房，是大多數人的夢想，也是很多人無法完成的夢想，有多少人辛苦大半輩子，只爲了湊到頭期款，有了殼，接著要面對的是無止盡的房貸，也有的人甚至終其一生都必須租屋而居。而疼愛兒子的母親，還特地買了一棟透天厝給他，讓他不用爲了上班而早起。有房、有錢，還覺得不滿足，到底他想要的是什麼？

是不是因爲備受寵愛，所以無法接受不平等的對待呢？但是人生本來就是場不公平的競賽，雖然在同一起跑線出發，但有的人用跑的，有的人則是負重而行，有少數人是開著車和其他人競爭。覺得不公平的時候，也只能認命，努力向前，只期望能否多少贏過一些人。

只有死亡，才是人生最公平的待遇。

過了許久，我已將現場清理完畢，當我準備離開時，經過了二樓的客廳，只見那位母親還坐在沙發上，靜靜的看著窗外。望向窗外的她，看的是外面的景色，還是孩子的身影？陽光透過落地窗照映在她的臉上，看到她眼角閃爍著光芒，是汗還是淚？

在和她道別時，我們一起來到了一樓。她關上了總電源，陪著我們走出了戶外，當她鎖上了大門後，轉過頭來對我說：「謝謝你們的幫忙，這房子就讓它保持現在的樣子。我不會再打開這大門了。」

盧是我聞

一個年輕人，被氣憤、委屈和不平沖昏了頭，爲了賭一口氣，讓自己沒了生命的氣息，也讓他的母親失去所愛。

聽不到的心碎聲

二十七歲，多麼美好的青春年歲。

從學校畢業了幾年，出社會也有一段時間，歷經了些風雨卻又不失純真的年紀。然而，是什麼原因，讓本應充滿活力與熱情的生命，卻選擇用一條繩子終結了自己，只留下沉寂冰冷的身軀。

起初，我到了現場時並不知道發生什麼事，只看到滿地的血水與竄入鼻腔的屍臭；當我清理的工作進行到一個階段，稍事休息的時候，我的客戶，也就是往生者的家人上前與我攀談，我才瞭解竟是這樣的遺憾……。

她，是一位很美麗的女生，有著一份很好的工作，但是精采可期的大好人生，卻因遇人不淑而變了調。她在網路遊戲上和一名男子結識、見面，相處的過程中，她以爲找到了眞愛、此生非他不可；被愛情沖昏頭的她，還狠下心來和交往多年的男友分手，轉而投入另一個男人的懷抱。她天眞地以爲幸福從此開始，沒想到竟是不幸的開端。

新戀情在初萌芽時，一切都很美好，男子對她百般體貼呵護，關心她的生活、照顧她的一切，讓她深深覺得自己是世界上最幸福的人，想要永遠和他在一起。

只可惜好景不常。幾個月的時間過去，男子跟她表示自己有財務缺口，爲了還債，不得不拉下臉來和她調頭寸。她想，生活難免有遇到困難的時候，所以也慷慨的幫助，傾其所有只爲了幫男子度過難關。

她認爲既然在一起了，就要一同解決眼前的困境。對於未來，不就是要彼此同甘共苦，你不離、我不棄，攜手走下去嗎？沒想到，爲了愛全心付出，卻得不到回報。

經歷了這次事件之後，對方食髓知味，開始頻頻向她借錢，整天只知道抽菸、喝酒、玩遊戲，甚至連生活開銷都要她來處理。只要女子表示沒錢或是不願意借錢，就換來他一頓責罵與咆哮，指責她無情無義、看不起他現在落魄，不肯助他一臂之力，等到他找到機會，遇見賞識他的人，必能有所作爲，哪會是現在的情況。

她默默的忍受，希望有一天他會振作，會與她長相廝守。直到一周前，對方和她說，他認識了另一個女人，雖然沒有她那麼漂亮，但對他很好，願意給他錢，幫他解決債務，所以他要與那女人在一起了，他準備要搬去和她同居，他對她說，「我們到此爲止！」

她以爲遇到了可以託付一生的摯愛，卻因爲不堪的原因而分手。她打電話回家哭訴，讓家人知道原委，也要他們放心，她很勇敢，不會有問題的。

不會有問題的……

不會有問題的……

不會有問題的……

就這樣，她和家人斷了聯繫。一周後，家人前往她的居所探望，開啓了厚重的房門，一眼望去是地上的一片暗紅，再往上看，只看見懸空的一對腳掌，腫脹的身軀，勒出深痕的脖子，吐出的舌頭，凸起的雙眼，以及一條繩子，還有被繩子牢牢捆綁的鐵桿。

我相信，在推開房門前的那一刻，她的父母都不會知道自己要面對的是什麼，他們可能設想過千百種可能的狀況，準備要在見面時溫柔地安慰女兒，或是狠狠地將女兒罵醒讓她振作起來……，卻沒預想過會是這樣的結果。

無論是安慰或是責罵，都太晚了，女兒都聽不到了。

盧是我聞

這是她的心碎，也是家人的心碎，還有我來的原因。聽完家人的泣訴後，我繼續未完的工作，也思索著，到底什麼是「愛」？值得不顧一切、甚至付出生命，來撫平分手的傷痛？爲了一個不愛自己的人尋死覓活，卻將怵目驚心的畫面留給家人，就是「愛」嗎？

不甘心也要活下去

可能是曾從事禮儀服務的關係，加上我是個癡漢（癡呆的壯漢），所以有事件發生需要協助時，禮儀公司仍會與我聯繫，讓我一同前往現場協助。

就在某天，禮儀公司打電話給我，只說狀況不太好，往生者已經發臭了，請我先過去幫忙。

我到了現場的一樓，就聞到一股臭味。和禮儀公司簡短的對話中得知，往生者因感情因素上吊身亡，因其體型較爲壯碩，加上已經腐爛，需要多點人手才有辦法將遺體裝入屍袋接運至樓下。

我和接體人員一同上了樓梯，越接近事發處，屍臭味就越強烈。到了事發現場，有五個人站在門外——其中一位婦人掩面哭泣，那嗚嗚咽咽的啜泣聲，聽入耳中是聲聲斷腸；另一位禿髮老翁坐在樓梯台階上，低著頭默然不語；其餘三位年輕男女，有的語無倫次，有的不斷搔著頭髮或抓著衣角。

我先引導他們下樓後，便準備進屋接運遺體。當房門打開時，一陣灼熱又帶著臭味的風迎面襲來，眼前所看到的是一張浸滿了體液與排泄物的床墊，上頭還有蛆在蠕動。

床的尾端是一具穿著紅衣的遺體，斜倚在床邊的櫃子旁，脖子上還纏繞著電線，電線的另一頭是一台吹風機，和衣櫃綁纏一起。

暴凸的雙眼、腫脹的嘴唇、浮腫的軀體、發黑的全身，亡者用近似站立的方式上吊自殺，當初死意應是相當堅決，還穿著一身紅色衣服，不知是有多大的恨，想要在死後成爲厲鬼作爲報復？

我將遺體套上一層屍袋後扶著，另一人則拿起剪刀準備將電線剪斷，當電線斷開的那一刻，遺體失去了支撐，我的雙手也感受到從遺體傳來的重量。剪斷電線的人接著來到遺體腳邊，我們一同把遺體搬到地板上、放入屍袋，將屍袋扛上肩後、走出房門時，和亡者說了句：「過門囉。」接著，我們背著亡者，喊了聲：「我們要下樓梯囉。」便緩慢的走下了樓梯。

往生者果然很壯，當我們走到一樓時，我的膝蓋跟腰已經提出嚴重的抗議，腰痠腿軟是在所難免的。

將遺體送上車後，不管當初是用什麼樣的方式結束自己的生命，死者爲大，我對亡者鞠躬致意，目送接體車離開，直到車子遠離了我的視線。

隔日，我又回到了現場，著裝，開始清潔的工作。在悶熱的環境下，爲了避免味道再擴散，是不能打開窗戶跟電扇的，所以穿著厚重防護衣的我，早已汗出如漿，只能忍耐，忍受悶熱，直到此次任務完成。

首先處理要發出惡臭的床墊。移開床墊後，底下的床板盡是血跡，而床架下只看到地板有著一灘體液，那是從亡者身上滲出的體液，就像潰堤的淚水，流到了床架、再滴到了地上。

隨著清理的工作持續進行，屍臭味不再那麼重了，接著我開始整理房間內的物品。房間一旁有張書桌，擺著五、六個相框，透明的軟墊裡有著數張原先應是情侶合照的照片，照片已被撕成了兩半，相框內獨留男子的相片，而女生的照片，則被人用圖釘釘在書桌上、圍成了一個圈，圈裡頭還用紅色白板筆寫了十四個字：「天長地久有時盡，此恨綿綿無絕期！！！」句後的三個驚嘆號，似在表現出寫字者的不甘心。

出自白居易《長恨歌》的淒美詞句，原是描述唐玄宗對楊貴妃的癡迷愛戀，卻被亡者用來形容對過往情人恨之入骨、永不休止的決絕情感。然而，不甘心，又能如何？男女情愛，誰能保證定能長相廝守？永恆不變的愛戀，只會出現在小說跟電視劇裡。現實生活中，想想就好，感情向來是一個願打一個願挨，不是付出就一定會有回報，投資都有風險了，更何況是感情呢。

盧是我聞

《蘇菲的世界》書中曾寫到：「生命本來就是悲傷而嚴肅的。我們來到這個美好的世界裡，彼此相逢，彼此問候，並結伴同遊一段短暫的時間。然後我們就失去了對方，並且莫名其妙就消失了，就像我們突然莫名奇妙地來到世上一般。」

相逢是緣、相聚是緣，別離也是緣，緣起緣滅皆不由人。是怎樣的愛，可以讓人在得不到時，寧願毀滅一切，甚至是賠上自己的一條命，只爲了咒詛對方。是涉世未深？還是用情至深？

沒有人能了解亡者內心的想法，也沒有人可以體會亡者分手時內心有多痛苦，情感世界是否就此而崩塌？但是唯有「活著」面對與走出失戀的情緒，才眞的能撫平這一段傷痛。

永遠別用自殺的方式來釋放心中的哀楚。

對方只是離開了你的感情世界，而你卻用更絕對的方式，離開了所有人的世界。你以爲自殺可以釋放心中的哀慟悲切，或許還期望對方領悟後悔？其實對方只不過是繼續活在沒有你的世界；而你卻用無法回頭的方式，放棄了重新幸福的機會。

燒炭成灰的慟

當我抵達這次的現場時，空氣裡瀰漫著燃燒不完全的炭味。走進房內，東西擺放得井井有條，除了床邊有個還殘留著炭灰的烤肉爐，及門旁散落著幾件當初爲了不讓味道傳出而堵住門縫的衣物。而桌上有個相框，相框裡是一對情侶甜蜜的合照……。

委託人是房間主人的父母，委託我將房間所有物品清空。和委託人對話中瞭解，往生者（簡稱A）與女友分手後，一度陷入了憂鬱，本來想說過一陣子情況就會好轉，但事情沒有想像中的那麼美好。

A仍走不出情關，因此選擇燒炭自盡，因爲用衣物塡塞住門縫，燒炭的味道無法飄散出去，以至於家屬未在第一時間覺察悲劇的發生，直到A打工的地方來電詢問爲何A還沒去上班，原以爲A已出門打工的家屬，才前往房間關心，卻發現房門是反鎖的，驚覺大事不妙。在強行破壞門鎖、打開房門後，皮膚感到一陣悶熱氣息，鼻子嗅到的是濃濃炭味，雙眼所見的是A躺臥在床上，而他的胸膛已無起伏。雖然立即作人工呼吸並通知救護車前來，仍然回天乏術。

面對白髮人送黑髮人的不幸，家屬已無勇氣再踏進A的房間，也沒有心力整理，便委託我前來協助處理。當我正要走進房內，此時耳邊傳來一陣啜泣聲。

我轉頭一看，A的母親雙手掩面哭泣，父親的頭則靠在牆上，身體不停地顫抖。我停下腳步，轉身陪伴著兩位一起來到了客廳，請他們在沙發上稍坐；我拿起了餐桌上的水瓶，替他們倒了杯水後，坐在旁邊，靜靜地陪伴……。

過了許久，那位母親開了口，她說：「A是個好孩子，畢業後就在速食店打工，過陣子就要去當兵了，只是前陣子女朋友跟他分手後，他就鬱鬱寡歡，每天除了打工之外，就是把自己關在房內，也不和我們說話，我以爲他只是失戀的關係才會這樣，過一陣子就能夠走出來了，沒想到他會想不開……。」

A的父親哽咽的對我說：「謝謝你陪我們，耽誤你工作的時間，等會就麻煩你了，我們眞的沒有勇氣踏進他的房間。他這逆子，不過是失戀，爲什麼要這麼想不開，這個不孝子，都沒有想過父母會難過嗎？」

我說：「別這樣說，一點都沒耽誤，家裡突然發生這樣的事，我深感遺憾，我會盡全力協助各位，請給我一點時間，我會將委託的的工作處理好。」

待我再次進入房間，先將烤肉爐清除，爐內的木炭已燒至成灰了。在清理乾淨後，我打開了衣櫃，整理了幾套衣物，以待日後亡者出殯時入殮所用。

我走到書桌旁，準備收拾桌上的物品，只見相片中的兩個人甜蜜相擁，臉上展現的笑靨充滿了幸福，那是一種付出感情的滿足笑容；如今，人已不在，笑容成了過往的回憶。一個大學剛畢業的孩子，他的未來才正要展開；但是現在，未來不是夢，而是場空，他的人生，不管是光輝燦爛或是黯淡無光，都無法繼續了。

結束生命的瞬間很短，留下痛楚給親人的時間很長；一個非預期的死亡，帶給家人的只有無限的哀思與痛苦。

隨著時間流逝，房間逐漸變得寬廣空蕩，而往生者曾經存在的證明，也已逐漸消逝，只留存在家人、朋友的心裡。而前女友的心中，是否會因爲他的離去而悔不當初？還是開始覺得慶幸，然後投入另一段新的戀情呢？

人說「小別勝新婚」，那「永別」，是否可以勝過新歡？A選擇永遠離開，那麼愛人心底小小的城，會否也永遠都有A的位置？死亡，眞的能證明誰對誰的愛嗎？

《佛說父母恩重難報經》裡有句話：「男女有病，父母驚憂，憂極生病，視同常事。子若病除，母病方愈。如斯養育，願早成人。」這句話說的是當兒女生了病，父母不但驚慌擔憂，還常因此擔心過頭而生病，但卻把自己的病看作是很平常的事情；因爲只要子女病好了、健康了，父母的病也才會痊癒。而父母即便是這麼辛苦的養育子女，也只願兒女早日長大成人。

父母看著十月懷胎的孩子呱呱墜地、日夜啼哭，經歷了「七坐、八爬、九長牙」，然後踏入了校園、體會了成長……，這些過程，父母無不關心呵護。直到孩子漸漸成長，從懵懂無知到思想獨立，不再需要雙親瞻前顧後，慢慢的，孩子掙脫了父母的懷抱，想要依自己的生活方式活著。就在此時，孩子遇見了愛情，一種有別於親情的感情進入了他的內心，一種新奇、渴望的感情進入他的生活，於是孩子投入其中，想要努力經營、想要追尋天長地久，在那個時候，另一半就是他的一切。孩子已有規劃，等著自己當完兵，就要努力地找工作，給女方好的生活以及對未來的承諾。豈知，對方卻提出分手，孩子的世界已然崩潰，原所想像的美好已蕩然無存。此時，孩子的生活突然沒有了重心，周遭親友的關懷，他無法感受，也害怕朋友關心的背後是嘲諷，更害怕一旦接受家人的關懷，就要接受分手的事實。

苦只爲情多，情多苦奈何？失戀，是無法逃避的現實，也是無法面對的眞相，心有如撕裂一般，腦袋像被掏空，生活有如行屍走肉，很痛苦，也很無助。每當閉上雙眼，出現的都是對方；每一個聲音的背後，彷彿都聽得到她甜美的笑聲；每一次呼吸，就想起她髮絲中的香氣；每一瞬，她都一閃而過，飄忽而去——傻孩子想結束這樣的痛苦，解決的方法有很多，他選擇的是他以爲最好的方法。果然，孩子失戀的痛苦看似不再；但父母家人的心，卻要持續承受喪子的無限哀慟。

當清理工作完成，室內已空無一物。我不知道清空房間對委託人是否有幫助，我只知道，他們對孩子的記憶將永遠留存心中。時間能否沖淡一切，答案是否定的，只希望那對夫妻倆能早一天走出傷痛。孩子已離開他們的世界，何日再相見？唯有夢中逢。

盧是我聞

清朝的徐宗幹在一副對聯〈詠炭〉中寫道：「一味黑時猶有骨，十分紅處便成灰。」煤炭未入爐時，渾身通黑；一旦進入爐中，很快便成為灰燼。在處理這個現場時，我不禁想著，隨著木炭的燒盡，一個本來有無限可能的年輕生命也隨之消失，這是木炭的過失還是使用之人的錯？是木炭錯在它太容易買到以及容易成爲輕生的工具？還是使用的人，沒把木炭拿來烤肉，而拿來結束自己的生命？答案可想而知。

好死不如賴活著

接到委託後，我來到了某條熱鬧大街，從喧囂的街道走入大樓、抵達工作樓層後，電梯門打開，本來要依著門牌號碼前往清潔現場的，但是大樓一層就有數十戶，而且大多沒有門牌標示，只用筆或是噴漆簡單的寫個數字，有的則是空白一片或是被春聯給擋住了。不得已，我只好循著味道尋找目的地。

就這樣，我聞到了一股混合著屍臭的炭味，找到了要清潔的現場。

被撬開的大門已無法成爲家的安全屏障，門邊散落的是遺體接運人員丟棄的手套、鞋套以及屍袋的包裝袋。

不到十坪大的小套房裡，窗戶被膠帶封死了，粉色的床單沾著暗紅的血液，地板四處可見血跡、屍水、排泄物，角落還有一個裡面擺放著炭灰的鐵鍋。房間裡，除了簡單的生活用品，別無他物。

在整理的過程中，不時的有好事者跑進來查看，就算是拿東西擋住大門，也還是有人硬要推開障礙物好奇觀看死亡的現場。

是我的出現給了他們看熱鬧的勇氣嗎？還是他們想進來幫忙呢？

我想答案是前者。人們爲滿足好奇心，前來觀望甚至想走進屋內查看室內的情形，卻失去了同理心。只差沒提供座位跟爆米花，請他們坐在那好好的看我「表演」……。

我無法忍受如此行爲，只好大聲責罵將看熱鬧的人們趕出屋外，並再次的用更多物品擋住門口，讓好事者無法進來。

轉身繼續工作，看到桌上一張張的帳單、繳費通知以及法院傳票，彷彿代替亡者訴說著，「我之所以選擇死亡，是因爲已看不到未來，無論再怎麼努力，仍無力回天，我是被一文錢逼死的一條好漢。」

只是，這一次不只逼死一條好漢，更逼垮了一個家，父母帶著孩子一起走了。是不是解脫，我不知道，但是孩子的未來已被爸媽扼殺，來不及長大。

我們常說「活著就有希望」，活下去就能等待翻身時機來臨；但現實是，有的人認爲希望只是奢望，人生已經被帳單壓得喘不過氣，因此選擇自我了結，自己走還不夠，又自私地認爲不想讓家人受苦，將全家人一起帶上了絕路，在天上共享天倫。

或許這是他所能想到最好的解決方法，但卻也是最笨的方法，爲何要拖全家人一起陪葬？

爲了家人，好死不如賴活著，珍惜還在呼吸的每一刻。在每一個絕望的時刻，適時的求援，堅持下去，山不轉路轉，定有改變人生的機會。

雖然我的錢包只有空氣，但我仍堅持地走下去。

盧是我聞

貧窮剝奪的不只是現在，更是對未來的希望。

當我們煩惱下一餐要吃什麼時，卻有人煩惱下一餐在哪裡？一般人努力是爲了有更好更有品質的生活；可是，有些人的努力，只是爲了活下去、只求一個溫飽，有品質的生活對他們而言只是奢望——日子一天一天的過，努力工作，卻只能換取微薄的薪水，一天比一天還難過。

在「紙醉金迷」的繁華背後，還有一群爲生活掙扎、不斷努力的人，爲了一家溫飽省吃儉用。

貧窮的人不是因爲懶得工作、不去賺錢而貧窮，是再怎麼努力工作，仍被飛漲的物價、每月的開銷以及欠款壓得喘不過去。

現在進行式的貧窮，何時能變成過去式？

深淵

冬天，是個容易令人憂鬱的季節。

寒流來的那一天凌晨，當我還在和棉被談著一場永不分手的戀愛時，電話卻不識相的響起，硬生生的拆散我們。電話的另一頭，是禮儀公司的人，對方表示狀況非常特殊，電話裡說不清楚，請我立即到現場一趟；無奈，只好掙扎起身脫離棉被的懷抱，睡眼惺忪的我換好衣服稍作盥洗後，便驅車前往現場。

電影《黑暗騎士》裡說「黎明前的夜晚是最黑暗的」，果真，茫茫夜色，只有街燈微光，四周一片寂靜。我來到某棟商業大樓，向守衛表明來意後，他帶我與禮儀公司的人會合，簡短寒暄後，我便與禮儀公司的人前往事發地點。原本以爲是大樓某樓層發生事故，但他沒帶我進到建築物裡面，卻引導我往另一頭走去。來到了大樓後方時，他指了指前面有著圍欄的建築，要我過去看，我只看到圍欄後面的建築頂端鋪滿了金屬板，仔細從縫隙中一看，上面破了個洞。

禮儀公司的人說：「他是昨天跳樓自殺的，跳下來時，砸爛了頂棚，剛好整個人掉進線路管道間，身體被裡面的線路還有角鋼給切個七零八落，最後掉在地下五樓。我蒐集了遺體，先送去冰存，但還是拼湊不全，而且通道裡面血跟腦漿也散得到處都是。物業公司要求我一定要幫忙找人清理，我之前有請人來看過，他們來都嚇跑了，其中一個看到血跟腦漿後還吐了一地。後來我到處問，才知道你們是專門清理案發現場的，這狀況我第一次遇到，只能靠你了。另外，麻煩你們順便把地下室的嘔吐物也清理掉。」

我看了一下事發現場的周圍環境，心想這次任務相當艱難。即使我們有處裡過摔落電梯井的事件，但是要在布滿線路與角鋼的管道中（雖然地下室的三、四樓有進入管道間的通風口，但是出入口很小，不但鑽進去有相當難度，鑽進去後，也只有靠通風口這一面有空間可以站著），清除散落在各處的血跡與腦漿，在清除之餘還要蒐集殘肢，好像在演不可能的任務……。

此外，在管線後方也散落著血跡，要怎麼過去對面呢？這難度不是之前所遇過的事件可以相比的。還有還有，那一灘嘔吐物，做普通清潔的明明知道自己做不來，硬要湊熱鬧，還吐了一地，加重我們的工作量，眞的是……。

時間過得很快，不知不覺天亮了，夥伴們也抵達現場，各自穿戴起裝備並在我分組後進行清潔工作。當時北風冽冽，卻感受不到寒意，有的人甚至流了汗——是冷汗，是身體對高難度的工作挑戰不由自主地流下了冷汗。

我和兩位夥伴先爬到了管道間的頂端，固定好安全裝置，我從頂端的洞口進入，找到可以踏足的地方、站穩腳步後，即彎身向下將卡在裡面的頂棚鋼板撿起來。人雖然是血肉之軀，但是人體從高處墜落時，重力加速度的撞擊，仍將鋼板撞成了く字形，可見力道之大。

清除鋼板後，正式開始清潔工作。白天日光充足，清楚可見一樓往地下一樓的空間裡，布滿了經過一晚、已經凝固的腦漿與血跡，還不斷散發著血腥味與臟器腐敗的臭味。清除過程不但費力，每往前一步又生怕踩到血跡而滑倒，會拖慢工作進度。果然，沒多久就遇到難題。在一個電線盒裡，發現一坨腦漿，只能先把它裝進夾鏈袋裡，稍後再處理。

完成了一樓的清潔工作，就往下個樓層前進。我抬頭向上一望，頭頂有日照光明；低頭一看，腳下卻是深淵黑暗。我垂繩而下，投入深淵的懷抱，只爲了尋找某人殘留的身軀。

在垂降的過程中，我帶著清潔工具，藉著頭燈的光，在地下一、二樓之間穿過各樣的障礙，抹去各式的汙痕。在我以為一切正順利進行時，發現遠處好像有異物，順著燈光指引，我看到了，那是「手掌」！剛好掉落在一堆線路之間，位置的上方以及前面都有角鋼，但下面卻空蕩一片、無法站立。我試著擺盪過去，想要一手抓住鋼材、另一手取出殘骸；但是，那塊手掌已與線路糾纏一起，單憑我一隻手是沒有辦法取出的。

我換個方法，抓著角鋼向上攀爬，到了差不多高度時，抓著安全繩盪了過去，待穩住身體後，我試著坐在鋼材上，雙手握住鋼材，用膝內側勾住了鋼材，然後身體往前抓住前方的線材，把手掌取出裝袋收好後，再抓著身上的安全繩以及旁邊的角鋼，坐回了鋼材上（不得不說，好像特技表演）。

一連串的動作下來，感覺深藏在我脂肪底下的腹肌忍不住的抽動起來，眞是有欠鍛鍊。

事後回想，要是有個萬一，裝置壞了或繩子斷了，我不也就摔下去，然後在各式障礙物以及重力加速度之下，身體被切成了數塊，掉落在地下五樓，就像一隻甕仔雞被切開放在盤子上……。當時我其實沒想那麼多，想說有安全裝置應該沒關係。還好沒事，不能再這樣冒險了。

在進行清潔與蒐集殘肢的過程中，我慢慢到了大約地下二樓的位置，隱約聽得到另一組同仁在底下工作的聲音。

地下二樓是單純的過道，四周只有些許突起處，以及一些類似通風管的金屬管道，我本想如果清完了地下二樓，就降到地下三樓，然後爬出通風口，稍作休息。豈料，我想得太美了，我在左前方突起處看到了一節小腸。

我都傻眼了，心想怎會掉在那裡！我前面擋了個管道，還不過去，而旁邊突起處也才幾公分寬，根本沒辦法站，從底下架梯子也搆不著。都快想破頭了，決定，先不想了，休息一下再說。

大家聚在一起稍事休息，討論一下工作進度，我也提出剛剛遇到的問題。後來我們決定從地下三樓的位置，把工具運進去後，再搭個簡易的平台，請體型較為瘦小的人，站在平台上、走過去取下。

用想的都很簡單，但是操作起來才發現非常不容易，光要搭個穩固的簡易平台就燒掉我們不少腦細胞，最後搭是搭好了，但是當夥伴上去後才發現一件很嚴重的事情。當初想法是瘦小的人上去會比較安全（要是我上去的話，可能剛站上去就垮了），卻沒有考慮到也很重要的「身高」！只見第一個上去的夥伴踮起腳尖、雙手伸直，還是差了幾公分，功敗垂成。只好重新派另一個人上去，總算取回了那截腸子。

說也奇妙，經過最艱難的清理段落後，接下來的工作都很順利，且來回檢查確認所有痕跡（包含那灘嘔吐物）也已清除乾淨。同仁開著車將蒐集來的殘肢送至殯儀館，物歸原主。

從清晨開始，一路忙到已過中午，忙的時候沒感覺，等到工作一結束，大家都累得坐在馬路邊，談論著等會洗澡換好衣服後到哪吃飯。辛苦了大半天，是該好好的放鬆一下了。

盧是我聞

對了，當天還有個插曲。

同仁說有人找我，我停下手邊工作，去看看是不是委託人。只看見一個穿著雨鞋的中年人跟我說：「年輕人，我是先前來估價做清潔的，要不是我不做，是輪不到你們的。你也知道，凡事有先來後到，我給你們年輕人機會表現，你要懂得感激，到時候拿到錢，要給點回饋，你要知道，如果是我來做，你一毛都沒有，這是規矩，哉某（知道嗎）？」

頓時我感覺頭上有一群烏鴉飛過……。心想，你在威脅還是恐嚇？擺明是來搶吧？我辛苦工作，你還要來分一杯羹？不給他，怕他鬧事；給了也會造成我們的損失，眞的有夠過分。

對方說：「你不講話是怎樣？不要怕嘛，我又沒有要對你怎麼樣。你就照規矩把應該給我的拿給我就好，我也不會多凹你。」

我回：「請問底下那灘是你吐的嗎？前輩。」

只見他漲紅著臉說：「沒沒沒，那是我昨天喝太多，又趕過來，所以才不小心吐了。這種場面我們見多了，怎麼會怕呢？」

我反問：「喔，是喔，原來前輩見過很多的大場面，不知道大哥是哪家公司呢？」

「我沒公司，我在殯儀館旁邊，葬儀社都會叫我來做。」他回應著，「啊！講那些五四三幹嘛，等下收錢記得把錢給我就對了。」

我和顏悅色的說：「憑什麼要給你？你沒膽做就不要跟我講規矩。敢跟我要，要給可以，你現在就跟我一起去跟物業公司說，費用要增加，因爲有人跑來要錢，這樣如何？」

他怒說：「少年欸，別太過分喔，你找我麻煩就對了。」

我說：「好像是你來敲詐我的耶！我也說了，想要錢可以啊，只要物業公司肯給你錢，補償你害怕嘔吐的心理創傷，我可沒意見。但想要從我這裡拿錢，你可能想太多了。」

對方聽完我這樣說後，罵了兩句就悻悻然地走了。

現在是怎樣，敢開口就有得拿嗎？

顧生活還是挺政治？

某次的任務，我來到一位某政黨支持者的家。

室內，電燈早就不亮，憑著室外的日光可以勉強看出房內情況，隱約看到客廳僅有一個櫥櫃，上頭插滿了某政黨候選人的競選小旗幟。我戴上了頭燈，才看清楚了整個房間。

一張床、黑褐色的床墊早已破爛不堪，充滿了屍水。床頭的日曆，和當天已相距十七日。書桌上，擺著一台電視及DVD播放器。桌子旁的瓦斯桶上，橫放著一片木板，擺著電鍋，電鍋裡正熱著滷肉。

當我們才剛注意到電鍋時，不知是命運的安排，還是自然的巧合，電鍋的電源突然冒出火花，爲了避免失火，更怕委託人誤以爲我們清不完，故意燒了房子，連忙用最快的速度將插頭拔起，免除一場虛驚。

老舊的木質衣櫃門板上寫著「某某某下台」五個字，因爲字跡模糊，加上光源不足，乍看之下，還以爲上面寫著「某某某一台」。如果前總統是一台，那現任總統又是幾台呢？

物換星移，如今總統早已換人，但是一切仍維持現狀，不管誰執政，政治、權力的鬥爭仍在持續，不是換人換黨就會有所不同。重點是要先顧好自己的生活，別太期待換了人後，生活立刻有不一樣的變化。

接著我打開了衣櫃，裡面除了衣服，還有許多件印上候選人名字的背心，有的早已從政壇消失，有的身居高位，有的已經當選，並準備下一次的選舉。

書桌前的塑膠軟墊底下擺著數張千元大鈔；我們找到貴重物品時，得先妥善收起，待之後交給委託人。整理書桌時，看到裡面擺滿了DVD，都是王朝系列的古裝劇，往生者對政治眞的是很熱衷，但是對生活，可能就太過不在意，吃飽是爲了有體力去跑下一個選舉場，睡覺也只是爲了有體力去參加掃街及造勢晚會。

對岸高全喜教授，在他的「溫飽論」與「尊嚴論」中曾提到：「一個人連飯都吃不飽，衣衫不整，還奢談什麼尊嚴。恰恰因爲人處於貧困之中，才格外需要尊嚴。只有個人在人格上確立了不可侵犯的自由與獨立，才能發揮能力，去追求作爲人的溫飽和幸福。沒有尊嚴的溫飽和幸福是虛幻的零，滿足的只是低層次的自然欲望，而且朝不保夕，隨時可能被他人或強權所剝奪。只有基於尊嚴的溫飽或幸福才是穩固的、牢靠的，才有價值和意義。」

或許，這也是往生者的想法吧！認爲只有自己支持的政黨完全執政，才能夠好好「拚經濟」、「顧民生」，眼前的不便是暫時的，只有犧牲小我才能完成大我，這就是「愛逮丸」（愛台灣）！

以上言論只是我自己的猜測，或許對、或許不對，然而是好是壞，也都是他的生活。我能肯定的是，喪禮時，應該會有很多候選人或是助理來到會場，有時還會跟禮儀人員說他們很忙還有行程要趕，能不能排第一個公祭。

公祭開始，司儀依著公祭單唱名，不管是不是往生者喜歡的政治人物，都會進入會場對他的照片鞠躬致意，接著跟家人握手和擁抱。

只是又有何用？死人沒票。

活著的人只是看了一場鞠躬表演秀。

盧是我聞

我曾經參加過某市長候選人的政治座談會，會中，主持人說有任何市政方面問題都可以詢問候選人，對政治不懂的我恬不知恥（白目）的問了一個很白爛的問題：「針對台灣目前高齡化的社會環境，以及獨居化的現象逐年增高，容易造成孤獨死的問題產生，有人說過『現在的日本，就是二十年後的台灣。』在日本孤獨死的情況日益嚴重，想必台灣日後也會面臨這樣的問題，想請問您在當選後會有怎樣的作爲以改善孤獨死的現象？」

候選人提出了他的見解：「針對這樣的問題，其實我注意了很久，所以在我當選後（我心想，這位候選人以前擔任過立法委員，若注意很久爲何都沒提出相關法案？），我會針對本市所有的獨居老人

『免費』發放智慧手環，還有智能監控系統，有狀況發生時會藉由手環偵測得知，再立刻提出警訊給相關人員，這樣就能有效解決孤獨死的問題。」

當時的我默然不語，心中不知爲何浮現「官商勾結」四個字，好龐大的利益啊！依全台統計，目前每七個老人就有一位是獨居老人，就算都發放了智慧手環及建立相關系統，每個人都會乖乖的戴上嗎？有沒有遺失的問題？以及，沒電時會記得充電嗎？合約到期時，是不是又要招標換另一家廠商、再發一次新的設備？

藍色還是綠色？支持統一還是獨立？每兩年吵一次（縣市長、議員選舉和總統、立法委員選舉），一次吵半年，每次到了選舉時期就會被挑起，本來相安無事的一群人，因爲政治人物的言論、挑撥離間的做法，激起許多問題，群體因而撕裂、對立……。

支持的候選人當選了，固然開心；落選，一樣要過日子。

其實，對政治熱衷並無不可，每個人都有支持的政黨、理念與政策，但是都要適度，凡事過猶不及，太過熱衷進而狂熱到無法顧及自己的生活，就有些本末倒置了。

上山不為採藥

某日深夜時分，當我準備就寢時，開接體車的朋友打來，說人手不足，請我前往山上協助，在告訴我地址後，他便匆匆掛斷電話。

我看又沒得睡了，立即換好衣服，便驅車前往。我跟朋友在路邊會合後，便跟著他的車一起開入山中，最終來到一片墓地。

朋友說：「委託人的家人在墓園自殺，我們要從這兒前往墓園將遺體搬運至車上。」說完給了我一把剪刀後，便領著我往小徑中走去。這段幾百公尺的道路，在沒有路燈、沒有月光的情況下，靠著手機的手電筒爲我們照亮前行的道路。這條路越往前走越發崎嶇難行，最後我們來到了一個墓區。

有看過早期墓地的人就能了解，以前的墓園都是一個挨著一個的，我們的目的地是在最高處的墓園。如果是白天，還可以看準落腳處向上爬；然而在這大半夜、手機燈光下，每一步都充滿危險，每一步都要小心，深怕一個踩空就跌個狗吃屎。

我們逐漸地向上爬，有一股不自然的味道越來越重，那是一種說不上來的味道，讓我不自覺的聯想起前幾天和朋友在餐廳吃海鮮墨魚義大利麵的味道，那味道和我腦海中的義大利麵不自覺的重疊了起來。現在聞到的味道，該說是香呢？還是……？

我們原本以爲亡者是在墓園上吊自殺，所以特地帶上了剪刀。沒想到，我們都太天眞了，事情果然不是我們這種「憨人」想得那麼簡單。

事發地點是座家族墓園，採家族塔位的形式建成，建築主體裡面採用階梯式結構，得以在裡面放置骨灰罐以及金斗甕；旁邊的牆上，原本應該放入塔內、刻了先人名字的活動式大理石長條，如今卻不在原來位置，而是在地上斷成數截，只剩下其餘沒有刻著名字的大理石長條仍留在原地。

家族墓園的出入口約莫一公尺高，原本用一塊石板擋住，而今石板已被搬到了一旁。那股味道不斷地從裡面飄出來，我藉著燈光往裡面一照，只看到出入口旁邊有一具全身赤裸的女性遺體躺在被子上，看樣子已過世多日。屍體全身發黑，因著失去水分，全身如木乃伊般的乾癟。

我先行鑽入了裡面，在燈光的照射下，看到原本應是放置骨灰罐的地方，卻不見擺放骨灰罐。我獨自站著，等待另一人準備好後進來協助。

有限的空間再加上悶熱的空氣，還伴隨著屍體散發出來的味道，隨著每一次的呼吸，感覺有股異味彷彿逐漸「成形」，就像一片黑霧充斥在整間墓室。這樣的環境，讓我覺得待在裡面的時間格外漫長。

等待的過程中，我先用往生被覆蓋著遺體。雖然亡者已往生，應該也不希望自己的身體被兩個大男人看光光吧，這是對死者最起碼的尊重，也是對生死尊嚴的基本維護。

待一切就緒，我們一前一後將亡者底下的被子權充成臨時擔架，抬起亡者的身子稍轉了方向，讓遺體能夠直接移出。我們鑽出了狹小的出口，將遺體放在我們預先鋪放在外面的屍袋，拉上了拉鍊，工作可以說是完成了一半，接下來就是更麻煩的問題了。

要怎麼帶著一個裝著遺體的屍袋下去？

兩個人一人拉一邊會比較省力，但因爲要爬過很多的墓地，可能會撞傷遺體，也因爲地勢跟燈光的問題，會有踩空的風險，到時一起摔下去可不是開玩笑的。

後來，我們討論的結果，是對方先下去，用燈光幫我照路，而我用另一條往生被充當繩子，將屍袋背在身上後固定，再藉著燈光的引導下，慢慢的爬下去，到平地後再一起將遺體抬到車旁。

費了一番工夫，我們終於將遺體送上車。此時，我身上流淌的液體，不知是汗水還是淚水，身上發出的味道不知道是汗臭還是屍臭。

我只知道，任務總算完成了，聞著身上散發出的味道，現在我的只想趕快回家洗澡……。

隔日，我和友人談論此事，好奇亡者怎麼跑到那麼偏遠，除了清明、重陽外，平時杳無人煙的家族墓園自殺？到底是怎麼發現的？在那自殺，除非有人去掃墓祭拜，要不然一直沒被發現也很正常。

但他告訴我的答案卻是如此的玄奇，彷彿「戲說台灣」才會出現的故事情節。

他說：「這件事說來也奇怪，發現的人是一個老師父，他說在修行時，感應到有個人來到他的面前，對方說出自己的名字，以及爲了什麼要來找他，並要師父朝著一個方向前進，希望師父能去解救她。所以師父就這樣從中部騎著那看似隨時都要熄火的破爛機車北上，一路騎到了半夜。他才抵達墓園，在聞到味道後，就摸黑爬上去尋找，因此讓他發現了遺體，便立刻跑去報警。又很剛好，家屬因爲多日找不到亡者，也報了警才有後續的事情發生。」

後來我再問他：「怎麼這家族墓裡面一個骨灰罐或金斗甕都沒有呢？」他只簡單地回我：「應該都是往生者自殺前全都拿出去丟了吧，家屬說裡面本來應該有兩個金斗甕跟四個骨灰罐，早上請一堆人去幫忙找都沒找到，不是砸爛了就是丟到山下了吧；往生者又在裡面自殺，現在骨灰都沒了，又發生這種事，我看他們家族裡沒人敢用這墓地了，花錢蓋的祖塔都白花了，亡者家人不知道會不會被親戚責怪一輩子。」

光是發現遺體的過程就已經讓人覺得弔詭，亡者在自殺前所做的這些事，到底是因爲精神上的疾病，還是有莫大的冤屈，或對家族有天大的恨，讓亡者不只是在祖塔中了斷性命，還將先人屍骨棄置野外，著實讓我百思不得其解。

盧是我聞

親人的離去，會帶給家人多少的悲傷？而選擇這樣離開，再怎麼道歉都難以令人諒解，親族會給往生者家人多少的壓力？未來的路還很長，希望他們可以堅持下去。

人生百態

如果不是一連串的意外，或許不會造成這樣的結果。

往生者的兒子（以下簡稱A），長期酗酒，平時在工地打臨時工維生。某天他的父親於睡夢中辭世，A卻渾然不覺，仍鎮日躲在房間裡喝酒跟看電視。隨著時間過去，遺體慢慢腐敗、飄散出味道，A卻還以爲只是放在家中的垃圾發臭了。直到連鄰居都聞到異味受不了，覺得事有蹊蹺才報警處理。

禮儀公司的人員抵達現場協助遺體接運時，屍臭味刺激了執行者的喉嚨，可以想見他的胃正不停翻攪著，他一定很想清空胃裡的東西，但只能強忍與壓抑著滿身的不暢快與嘔吐感。禮儀人員將大體裝入屍袋後，摒住呼吸將大體從五樓的家中抬至一樓的接體車。

進行招魂儀式的時候，往生者的女兒（以下簡稱B）戴著口罩，卻仍無法忍受刺鼻的臭味，她雙眉緊鎖，不發一語的在師父引導下進行儀式；而A卻站在旁邊，一邊拿著台灣啤酒，一邊不耐煩的說，「到底還要多久？我要睡覺！」待招魂儀式完畢，家屬把牌位請到了殯儀館的安靈區後，我和家屬便相約至現場進行初步的清整。

當時我很納悶，明明在一樓的門口就聞得到屍臭味，順階而上，更是奇臭無比，嗆得難以忍受。當時和父親同住一室的A爲何聞不到（難道不會受到任何影響）？

到了室內，滿屋子的垃圾，客廳雜物堆積如山，地板不知多久沒有掃過，有厚厚一層沙土灰塵，顯得髒汙不堪。只看到A一臉無所謂的邊喝酒、邊在室內像遊魂般晃蕩，而B將我引導到了往生者的房間。在昏暗的燈光下，我看到床上有個很明顯的人形印子，便是老父親於睡夢中離世又被人忽略的唯一證明——日漸腐敗的身體分解出的組織、液體，一天天的爲床墊染上了紅，血水也流淌到地上，彷彿是老父親悲傷控訴著親兒忽視他的淚水，一滴、兩滴的滴落地面，形成一灘暗紅色的血水漬。

周邊散落一地的雜物，床邊是茶几與瓦斯桶，對面擺放著一台電視，想來老人家平時就在房間中泡茶、看電視，度過每一天，到底是愜意還是束縛？

除臭時，我巡視了一下家中才發現，這個家除了大門，各個房間的木門早已毀壞或不在原來的位置上，牆上原本該是窗戶的地方，不是破損就是毫無遮蔽，冷風肆無忌憚地吹進來。這樣的家，還是避風港嗎？

談定工作範圍後，時間也晚了，所以我們約定隔日再進行清潔。期間A不斷大聲叫嚷著他不需要花錢，他自己就可以處理。

B：「你又沒有錢，錢都親戚幫忙出的，也沒有人指望你能出任何一分錢，你現在不請他們處理，我們該怎麼辦？」

A：「不用妳管，妳只不過是嫁出去的女兒，沒資格管我們家的事！」

B喊道：「沒資格，你只會喝酒，什麼都不做，你下個月就要去服刑了，房子是租來的，到時候你好幾個月不在，爸又走了，不退租還空著幹嘛？你不處理，到時你付不起房租，房東要把房子收走時，就沒人可以幫你處理了。」

在他們幾經爭執後，總算確定好日期進行清潔，但在約定好時間後，A又說：「晚一點再過來，那麼早我爬不起來。我家沒有門鈴，也沒電話，要是太早來就在樓下等。」所以我們又確認約晚了一些時間，便先行離去。

到了約定好的日子，我們提前抵達，待時間一到便準時上樓。沒多久，只聽到從樓上傳來一陣叫嚷聲：「你們在樓下幹嘛？還不上來，是要我下樓請你們上去嗎？」我只好無奈回應：「你不開門我們怎麼上去？」但只聽見A不斷咒罵，卻無任何動作，還好鄰居幫忙開了門，讓我們能夠順利上樓。

到了清潔地點，A滿身酒氣的咆哮：「我都看到你們到了，幹嘛不上來？想混時間嗎？」

我無奈的回答：「混什麼時間？我跟你約定的時間還沒到啊！而且我們來了，你不開門我也上不去啊！」

清潔的工作就在不愉快的對話中開了場。此時，我先向A表示：「我需要先收到此次服務的款項，才會開始清潔。」

A回答：「爲什麼？通常不是做完才付錢嗎？你現在收錢，到時候給我擺爛怎麼辦？」

我直言不諱的說：「擺不擺爛我不知道，但我知道現在不收，到時你一定會擺爛不付錢。」

A聽到後惡狠狠地盯著我說：「你好膽再說一次！」

我不怕死的又說：「要我們做事可以，請先付款，要不然我們離開。」

A這時將錢拿出來給我，並說：「能不能少算一點，給我點錢買酒，你不要跟我妹說。」（拿別人的錢只爲了買酒？這話你好意思說得出口？我白眼心想。）

在清潔人員著好裝備進入屋內時，A表示不久即將入監，房子要退租還給房東，請我們協助丟棄大型物品，我們基於協助立場就答應了對方的請求，畢竟一個非專業人員要把冰箱、洗衣機扛到樓下是有一定的難度。

首先是清潔房間。當時屍水已浸滿床墊，還外溢流到了地板，我們將床墊包妥後再立起，只見底下的床板沾滿了血跡。當我們把物件從五樓搬到一樓時，我一直在想，如果當初A君不喝酒，是否會變得不一樣？如果他不貪杯中物，我們是不是就不用出現在這裡？

是什麼樣的因，結成了現在的果？父親爲家庭辛苦一輩子，養兒育女，卻沒辦法安養天年。

在清除床墊與床板後，接著是現場的整理與清潔。我們找到一些現金，立即交予A，他毫不猶豫地迅速的放進口袋；後來我們又找到一本相簿，交給A的時候，想不到他竟是隨手丟棄，並沒好氣地說：「不值錢的東西給我幹嘛？」

「但是這些相片是回憶啊！」我說。

「回憶又怎樣，又沒辦法換錢。」A的言論，眞讓我哭笑不得。

我只好先撿回相簿，待之後交給B處理。後來還發現，原本房間內的瓦斯桶怎麼不見了，問了A，他說：「昨天拿去退掉了，要不然我沒有錢買酒。」我心想，回答得還眞是理直氣壯啊！

我只是覺得，若能少買一瓶酒，就能把馬桶修好；如果能好好地整理一下，就能讓自己有個舒適的生活環境。但這傢伙卻貪戀杯中物，爲了一時的醉生夢死，讓自己與家人活得如此不便、活得如此不堪。

A君飲酒叫囂吵鬧的聲音沒有停止過，我們只能當是背景音樂繼續工作。當垃圾一袋又一袋的打包好運走，才發現清水不夠用，我於是到廁所裝水，沒想到浴室骯髒的程度已難用言語形容，滿室的黴垢髒汙，連馬桶都宣告罷工。

在我們一連串忙個不停的清潔工作中，A也沒停下謾罵與羞辱B，甚至還指著我們大罵：「花錢請你們來，我要你們做什麼就給我乖乖去做，搬完這些東西後，再把整個家都清乾淨！然後把可以賣錢的全都幫我拿去賣掉！」

當時的我，腦中理智線不知已斷過幾百回，怒斥他：「我跟你們簽訂工作契約時，有說過要做這些嗎？今天的情形是我造成的嗎？你父親那麼多天沒出房間你不覺得奇怪嗎？你要上廁所都會經過你爸的房間，你有去看望一下你爸嗎？花錢請我們來？我X（消音），你有出到錢嗎？憑什麼對我們指東道西、大呼小叫！你當初如果不喝酒多關心一下家人會發生這樣的情況嗎？整個家都是垃圾、酒瓶，你給我清醒點！要把東西賣掉換錢，自己拿下去賣！什麼是你該做的，要有自覺。請問你還有沒有話說？沒話說的話，我繼續做我該做的工作。」

A回嗆了幾句，但見我們人多，不敢再造次，轉而繼續對默默整理一地雜物的妹妹叫囂：「妳在這裡沒有用，我沒錢了，妳快去買酒給我喝。」哭紅了眼的B隨後下了樓；待我再次看到她時，只見她雙手捧著幾罐啤酒要拿給A。

「一個願打，一個願挨。」最好的寫照。

工作結束後，我們收拾東西準備下樓離開時，我將一開始找到的相簿交給了B，「這是我找到的相簿，留著做紀念吧。」B又哭了起來，她肩上所擔負的眞的太重了。爲什麼會有現在的結果？爲什麼要喝酒？是不想清醒著面對現實？還是對他來說酒早已勝於一切（包括生養他的父母）？唉，人生百態……。

盧是我聞

我的立場，是把工作做好。我們出現，我們離開，都只爲了抹去生命消逝時殘留的痕跡，消除客户心中的恐懼。但是遇到這種情形，心中也不免感慨，到底什麼是「一家之主」？是對家有責任，還是仗勢恣意妄爲？

想起某次在執行禮儀服務的案件時，有對兄妹爲了儀式的過程有些爭執，當時哥哥一巴掌打在妹妹的臉上並說：「妳嫁出去的沒資格管，告訴妳，爸走了，我現在是一家之主，這個家我最大！」

喪禮儀式，除了祭悼先人，也象徵家人彼此間身分的轉換，原先的一家之主不在了，由兒子來承擔該負的責任。然而，或許是因爲個性，也可能是太哀傷了而情緒失控；無論如何，那一巴掌打下去，也打散了家裡原有的和諧。

【後記】

第二線工作人員

曾經有位殯葬業的老前輩，是這麼向委託人介紹我的，他說：「我是第一線工作人員，而他呢（指著我）是第二線工作人員。但是你不要因爲他是第二線工作人員就看不起人家喔！當我們衝第一線的時候，一堆人在那邊幫忙；但是輪到他時，就只有他獨自工作，精神壓力比我們大得多了。」

是啊！我們眞的算是第二線工作人員。當意外事件發生時，會有遺體在場，家屬可能會感到害怕，但第一線的工作人員衝鋒陷陣，會在最短的時間內抵達現場，用最快的速度把事情完成（將遺體接送至殯儀館後再接續作業），檢警單位跟禮儀服務人員也都在現場陪伴著家屬「壯膽」（有的時候還不只一家禮儀公司在場）。但是第二線的工作人員，則是獨自一人用最長的時間待在現場，為了避免異味飄散出去，也避免嚇到鄰人，清潔過程中是不會打開窗戶的，當然，也會把門關上。雖然可能不用直接面對遺體，卻有獨處於密室中的恐懼，和看到現場的震撼，以及濃厚異味竄入鼻腔的反胃感。

在命案現場時，沒有人一起分擔恐懼是最可怕的。我們面對的不是一般髒汙的環境，而是生命消逝的空間，在視覺、嗅覺與觸覺上不斷衝擊著身心。防護裝備保護得了身體，卻沒有辦法武裝自己的內心；看著地上、牆上的血跡，思緒逐漸的混亂，任何的風吹草動都可以把自己嚇個半死。

記得某次在工作中，房間突然響起一陣像是低沉嗚咽的聲音，將同事嚇得大叫一聲（我還以為是他冒犯了什麼……），仔細一聽原來是埋在衣物堆底下已不知響了幾日的鬧鐘，直到我循著聲音找到後，才讓他的心情安定下來。

深藏在我內心深處的恐懼與哀愁，沒有辦法釋放與緩解，所以每一次清潔工作後，都會有好幾個夜晚，已閉上雙眼，卻輾轉反側、夜不成眠，腦海中不自覺地浮現工作的情景；即使睡著了，也會不停地在夢境中重複現場畫面，血水的痕跡、蠕動的蛆，不斷放大再放大，彷彿還聞得到陣陣屍臭，好像我又回到了現場，一再重複著清理工作……。

因著工作的……算是「職業傷害」吧，除了碰到遺體可能會感染屍毒（我手背上就有），身體也因爲裝備悶熱而過敏、起疹子，甚至對溫度會有認知障礙，變得很怕冷。我漸漸也有睡眠不足的問題，還開始胡思亂想了起來。有一次處理了意外墜樓的現場後，連續幾天的晚上，我竟夢到自己因爲不同原因（像是長期失業、感情不順、久病厭世……等），一時想不開決定從樓上跳了下來。直到數日後的深夜，我搭電梯來到了住家的頂樓，靠著頂樓的圍牆，我往下一看，自言自語說了句：「好高啊，摔下去沒死成一定很痛，我要自殺才不要選這個方式。」說完這句話後，突然有種豁然開朗的感覺，接著我便搭電梯回家了。

某日和朋友一同用餐時，我和他說了只要工作後就會多日無法安然入睡的情形，他建議我，何不把在現場所看所聽所想的一切都寫下來，讓自己好好的回想每一個細節，抒發一下內心的情緒，對接下來的工作也有幫助。「以人爲鏡，可以明得失。」朋友的這段話，讓我突破了思考的盲點，也不失爲替情緒找個出口的好方法。

於是，我試著記錄所經歷的案件，藉由文字，我的思緒有所抒解、情緒得以釋放，漸漸的，我沒有先前睡臥不寧的困擾，反而能躺平就睡，一覺到天亮。

盧是我聞

我曾在臉書的「靠北工程師」社團中看過一段話：「如果你一個人覺得孤單，就把電燈關掉，電視打開，放一部鬼片，過了一會，你就會覺得廚房有人，廁所裡也有人，床底下也有人。」但我們的工作不用那麼麻煩，就滿能「自得其樂」（還是苦中作樂？）。

我常獨自待在近乎密室的現場空間裡，不會覺得孤單，因爲有恐懼與我們爲伍，還伴隨著汙染、屍水與惡臭，很多的蛆、蒼蠅還有蟑螂也來湊熱鬧，有時可能怕我一個人寂寞，蒼蠅還會在我身邊盤旋飛舞，蟑螂會在我身上玩起捉迷藏，又或許，會覺得有另一世界的人在旁邊「監工」……。總之，不會那麼容易就覺得無聊或孤單；但，看不見的壓力也不是那麼簡單就能解除。

在我開始寫下工作種種後，朋友還建議我可以在臉書上成立粉絲專頁，和大家分享這些故事，我雖然從事清潔工作，但是是很特殊的清潔工作。套句他的說法，這工作比八大行業還要八大，可以讓更多的人了解與體會其中辛酸，也有機會看見媒體沒報導的社會現實面。於是，便有了粉絲專頁「命案現場清潔師」，持續分享特殊清潔案件的故事，也才有機會把這些文字整理彙集成書，爲他人生命寫一個句點，也爲自己的生命找到繼續的路。

橡樹林文化 ❖❖ 眾生系列 ❖❖ 書目

JP0044	我心是金佛	大行大禪師◎著	280 元
JP0045	當和尚遇到鑽石 2	麥可·羅區格西◎等著	280 元
JP0046	雪域求法記	邢肅芝（洛桑珍珠）◎口述	420 元
JP0047	你的心是否也住著一隻黑狗？	馬修·約翰史東◎著	260 元
JP0048	西藏禪修書	克莉絲蒂·麥娜麗喇嘛◎著	300 元
JP0049	西藏心瑜伽 2	克莉絲蒂·麥娜麗喇嘛◎等著	300 元
JP0050	創作，是心靈療癒的旅程	茱莉亞·卡麥隆◎著	350 元
JP0051	擁抱黑狗	馬修·約翰史東◎著	280 元
JP0052	還在找藉口嗎？	偉恩·戴爾博士◎著	320 元
JP0053	愛情的吸引力法則	艾莉兒·福特◎著	280 元
JP0054	幸福的雪域宅男	原人◎著	350 元
JP0055	貓馬麻	阿義◎著	350 元
JP0056	看不見的人	中沢新一◎著	300 元
JP0057	內觀瑜伽	莎拉·鮑爾斯◎著	380 元
JP0058	29 個禮物	卡蜜·沃克◎著	300 元
JP0059	花仙療癒占卜卡	張元貞◎著	799 元
JP0060	與靈共存	詹姆斯·范普拉◎著	300 元
JP0061	我的巧克力人生	吳佩容◎著	300 元
JP0062	這樣玩，讓孩子更專注、更靈性	蘇珊·凱瑟·葛凌蘭◎著	350 元
JP0063	達賴喇嘛送給父母的幸福教養書	安娜·芭蓓蔻爾·史蒂文·李斯◎著	280 元
JP0064	我還沒準備說再見	布蕾克·諾爾&帕蜜拉·D·布萊爾◎著	380 元
JP0065	記憶人人 hold 得住	喬許·佛爾◎著	360 元
JP0066	菩曼仁波切	林建成◎著	320 元
JP0067	下面那裡怎麼了？	莉莎·瑞金◎著	400 元
JP0068	極密聖境·仰桑貝瑪貴	邱常梵◎著	450 元
JP0069	停心	釋心道◎著	380 元
JP0070	聞盡	釋心道◎著	380 元
JP0071	如果你對現況感到倦怠……	威廉·懷克羅◎著	300 元
JP0072	希望之翼： 倖存的奇蹟，以及雨林與我的故事	茱莉安·柯普科◎著	380 元
JP0073	我的人生療癒旅程	鄧嚴◎著	260 元
JP0074	因果，怎麼一回事？	釋見介◎著	240 元
JP0075	皮克斯動畫師之紙上動畫《羅摩衍那》	桑傑·帕特爾◎著	720 元
JP0076	寫，就對了！	茱莉亞·卡麥隆◎著	380 元

JP0077	願力的財富	釋心道◎著	380 元
JP0078	當佛陀走進酒吧	羅卓・林茲勒◎著	350 元
JP0079	人聲，奇蹟的治癒力	伊凡・德・布奧恩◎著	380 元
JP0080	當和尚遇到鑽石 3	麥可・羅區格西◎著	400 元
JP0081	AKASH 阿喀許靜心 100	AKASH 阿喀許◎著	400 元
JP0082	世上是不是有神仙：生命與疾病的真相	樊馨蔓◎著	300 元
JP0083	生命不僅僅如此—辟穀記（上）	樊馨蔓◎著	320 元
JP0084	生命可以如此—辟穀記（下）	樊馨蔓◎著	420 元
JP0085	讓情緒自由	茱迪斯・歐洛芙◎著	420 元
JP0086	別癌無恙	李九如◎著	360 元
JP0087	甚麼樣的業力輪迴，造就現在的你	芭芭拉・馬丁＆狄米崔・莫瑞提斯◎著	420 元
JP0088	我也有聰明數學腦：15 堂課激發被隱藏的競爭力	盧采嫻◎著	280 元
JP0089	與動物朋友心傳心	羅西娜・瑪利亞・阿爾克蒂◎著	320 元
JP0090	法國清新舒壓著色畫 50：繽紛花園	伊莎貝爾・熱志－梅納＆紀絲蘭・史朵哈＆克萊兒・摩荷爾－法帝歐◎著	350 元
JP0091	法國清新舒壓著色畫 50：療癒曼陀羅	伊莎貝爾・熱志－梅納＆紀絲蘭・史朵哈＆克萊兒・摩荷爾－法帝歐◎著	350 元
JP0092	風是我的母親	熊心、茉莉・拉肯◎著	350 元
JP0093	法國清新舒壓著色畫 50：幸福懷舊	伊莎貝爾・熱志－梅納＆紀絲蘭・史朵哈＆克萊兒・摩荷爾－法帝歐◎著	350 元
JP0094	走過倉央嘉措的傳奇：尋訪六世達賴喇嘛的童年和晚年，解開情詩活佛的生死之謎	邱常梵◎著	450 元
JP0095	【當和尚遇到鑽石 4】愛的業力法則：西藏的古老智慧，讓愛情心想事成	麥可・羅區格西◎著	450 元
JP0096	媽媽的公主病：活在母親陰影中的女兒，如何走出自我？	凱莉爾・麥克布萊德博士◎著	380 元
JP0097	法國清新舒壓著色畫 50：璀璨伊斯蘭	伊莎貝爾・熱志－梅納＆紀絲蘭・史朵哈＆克萊兒・摩荷爾－法帝歐◎著	350 元
JP0098	最美好的都在此刻：53 個創意、幽默、找回微笑生活的正念練習	珍・邱禪・貝斯醫生◎著	350 元
JP0099	愛，從呼吸開始吧！回到當下、讓心輕安的禪修之道	釋果峻◎著	300 元
JP0100	能量曼陀羅：彩繪內在寧靜小宇宙	保羅・霍伊斯坦、狄蒂・羅恩◎著	380 元
JP0101	爸媽何必太正經！幽默溝通，讓孩子正向、積極、有力量	南琦◎著	300 元
JP0102	舍利子，是甚麼？	洪宏◎著	320 元
JP0103	我隨上師轉山：蓮師聖地溯源朝聖	邱常梵◎著	460 元
JP0104	光之手：人體能量場療癒全書	芭芭拉・安・布藍能◎著	899 元

JP0105	在悲傷中還有光：失去珍愛的人事物，找回重新聯結的希望	尾角光美◎著	300 元
JP0106	法國清新舒壓著色畫 45：海底嘉年華	小姐們◎著	360 元
JP0108	用「自主學習」來翻轉教育！沒有課表、沒有分數的瑟谷學校	丹尼爾・格林伯格◎著	300 元
JP0109	Soppy 愛賴在一起	菲莉帕・賴斯◎著	300 元
JP0110	我嫁到不丹的幸福生活：一段愛與冒險的故事	琳達・黎明◎著	350 元
JP0111	TTouch® 神奇的毛小孩按摩術——狗狗篇	琳達・泰林頓瓊斯博士◎著	320 元
JP0112	戀瑜伽・愛素食：覺醒，從愛與不傷害開始	莎朗・嘉儂◎著	320 元
JP0113	TTouch® 神奇的毛小孩按摩術——貓貓篇	琳達・泰林頓瓊斯博士◎著	320 元
JP0114	給禪修者與久坐者的痠痛舒緩瑜伽	琴恩・厄爾邦◎著	380 元
JP0115	純植物・全食物：超過百道零壓力蔬食食譜，找回美好食物真滋味，心情、氣色閃亮亮	安潔拉・立頓◎著	680 元
JP0116	一碗粥的修行：從禪宗的飲食精神，體悟生命智慧的豐盛美好	吉村昇洋◎著	300 元
JP0117	綻放如花——巴哈花精靈性成長的教導	史岱方・波爾◎著	380 元
JP0118	貓星人的華麗狂想	馬喬・莎娜◎著	350 元
JP0119	直面生死的告白——一位曹洞宗禪師的出家緣由與說法	南直哉◎著	350 元
JP0120	OPEN MIND！房樹人繪畫心理學	一沙◎著	300 元
JP0121	不安的智慧	艾倫・W・沃茨◎著	280 元
JP0122	寫給媽媽的佛法書：不煩不憂照顧好自己與孩子	莎拉・娜塔莉◎著	320 元
JP0123	當和尚遇到鑽石 5：修行者的祕密花園	麥可・羅區格西◎著	320 元
JP0124	貓熊好療癒：這些年我們一起追的圓仔～～頭號「圓粉」私密日記大公開！	周咪咪◎著	340 元
JP0125	用血清素與眼淚消解壓力	有田秀穗◎著	300 元
JP0126	當勵志不再有效	金木水◎著	320 元
JP0127	特殊兒童瑜伽	索妮亞・蘇瑪◎著	380 元
JP0128	108 大拜式	JOYCE（翁憶珍）◎著	380 元
JP0129	修道士與商人的傳奇故事：經商中的每件事都是神聖之事	特里・費爾伯◎著	320 元
JP0130	靈氣實用手位法——西式靈氣系統創始者林忠次郎的療癒技術	林忠次郎、山口忠夫、法蘭克・阿加伐・彼得◎著	450 元
JP0131	你所不知道的養生迷思——治其病要先明其因，破解那些你還在信以為真的健康偏見！	曾培傑、陳創濤◎著	450 元
JP0132	貓僧人：有什麼好煩惱的喵～	御誕生寺（ごたんじょうじ）◎著	320 元
JP0133	昆達里尼瑜伽——永恆的力量之流	莎克蒂・帕瓦・考爾・卡爾薩◎著	599 元

JP0134	尋找第二佛陀·良美大師——探訪西藏象雄文化之旅	寧艷娟◎著	450 元
JP0135	聲音的治療力量：修復身心健康的咒語、唱誦與種子音	詹姆斯·唐傑婁◎著	300 元
JP0136	一大事因緣：韓國頂峰無無禪師的不二慈悲與智慧開示（特別收錄禪師台灣行腳對談）	頂峰無無禪師、天真法師、玄玄法師◎著	380 元
JP0137	運勢決定人生——執業 50 年、見識上萬客戶資深律師告訴你翻轉命運的智慧心法	西中　務◎著	350 元
JP0138	心靈花園：祝福、療癒、能量——七十二幅滋養靈性的神聖藝術	費絲·諾頓◎著	450 元
JP0139	我還記得前世	凱西·伯德◎著	360 元
JP0140	我走過一趟地獄	山姆·博秋茲◎著 貝瑪·南卓·泰耶◎繪	699 元
JP0141	寇斯的修行故事	莉迪·布格◎著	300 元
JP0142	全然接受這樣的我：18 個放下憂慮的禪修練習	塔拉·布萊克◎著	360 元
JP0143	如果用心去愛，必然經歷悲傷	喬安·凱恰托蕊◎著	380 元
JP0144	媽媽的公主病：活在母親陰影中的女兒，如何走出自我？	凱莉爾·麥克布萊德博士◎著	380 元
JP0145	創作，是心靈療癒的旅程	茱莉亞·卡麥隆◎著	380 元
JP0146	一行禪師　與孩子一起做的正念練習：灌溉生命的智慧種子	一行禪師◎著	450 元
JP0147	達賴喇嘛的御醫，告訴你治病在心的藏醫學智慧	益西·東登◎著	380 元
JP0148	39 本戶口名簿：從「命運」到「運命」，用生命彩筆畫出不凡人生	謝秀英◎著	320 元
JP0149	禪心禪意	釋果峻◎著	300 元
JP0150	當孩子長大卻不「成人」……接受孩子不如期望的事實、放下身為父母的自責與內疚，重拾自己的中老後人生！	珍·亞當斯博士◎著	380 元
JP0151	不只小確幸，還要小確「善」！每天做一點點好事，溫暖別人，更為自己帶來 365 天全年無休的好運！	奧莉·瓦巴◎著	460 元
JP0154	祖先療癒：連結先人的愛與智慧，解決個人、家庭的生命困境，活出無數世代的美好富足！	丹尼爾·佛爾◎著	550 元
JP0155	母愛的傷也有痊癒力量：說出台灣女兒們的心裡話，讓母女關係可以有解！	南琦◎著	350 元
JP0156	24 節氣　供花禮佛	齊云◎著	550 元

眾生系列　JP0158

命案現場清潔師：
跨越生與死的斷捨離・清掃死亡最前線的眞實記錄

作　　　者／盧拉拉
責任編輯／劉昱伶
業　　　務／顏宏紋

總　編　輯／張嘉芳
出　　　版／橡樹林文化
城邦文化事業股份有限公司
104 台北市民生東路二段 141 號 5 樓
電話：(02)2500-7696　傳眞：(02)2500-1951
發　　　行／英屬蓋曼群島商家庭傳媒股份有限公司城邦分公司
104 台北市中山區民生東路二段 141 號 5 樓
客服服務專線：(02)25007718；25001991
24 小時傳眞專線：(02)25001990；25001991
服務時間：週一至週五上午 09:30 ～ 12:00；下午 13:30 ～ 17:00
劃撥帳號：19863813　戶名：書虫股份有限公司
讀者服務信箱：service@readingclub.com.tw
香港發行所／城邦（香港）出版集團有限公司
香港灣仔駱克道 193 號東超商業中心 1 樓
電話：(852)25086231　傳眞：(852)25789337
Email: hkcite@biznetvigator.com
馬新發行所／城邦（馬新）出版集團【Cité (M) Sdn.Bhd. (458372 U)】
41, Jalan Radin Anum, Bandar Baru Sri Petaling,
57000 Kuala Lumpur, Malaysia.
電話：(603) 90563833　傳眞：(603) 90576622
Email：services@cite.my

內頁排版／歐陽碧智
封面設計／兩棵酸梅
印　　刷／韋懋實業有限公司

初版一刷／ 2019 年 6 月
初版七刷／ 2023 年 8 月
ISBN ／ 978-986-5613-98-3
定價／ 330 元

城邦讀書花園
www.cite.com.tw

版權所有・翻印必究（Printed in Taiwan）
缺頁或破損請寄回更換

國家圖書館出版品預行編目（CIP）資料

命案現場清潔師：跨越生與死的斷捨離・清掃死亡最前線的真實記錄 / 盧拉拉作 . -- 初版 . -- 台北市：橡樹林文化，城邦文化出版：家庭傳媒城邦分公司發行，2019.06
面；　公分 . --（衆生；JP0158）
ISBN 978-986-5613-98-3（平裝）

1. 殯葬業

489.66　　108008766

廣	告	回	函
北區郵政管理局登記證			
北 台 字 第 10158 號			

郵資已付　免貼郵票

104 台北市中山區民生東路二段 141 號 5 樓

城邦文化事業股份有限公司
橡樹林出版事業部　收

請沿虛線剪下對折裝訂寄回，謝謝！

|橡|樹|林|

書名：命案現場清潔師：跨越生與死的斷捨離・清掃死亡最前線的真實記錄
書號：JP0158

橡樹林文化

讀者回函卡

感謝您對橡樹林出版社之支持，請將您的建議提供給我們參考與改進；請別忘了給我們一些鼓勵，我們會更加努力，出版好書與您結緣。

姓名：__________ □女 □男 生日：西元__________年

Email：______________________________

●您從何處知道此書？

□書店 □書訊 □書評 □報紙 □廣播 □網路 □廣告 DM

□親友介紹 □橡樹林電子報 □其他__________

●您以何種方式購買本書？

□誠品書店 □誠品網路書店 □金石堂書店 □金石堂網路書店

□博客來網路書店 □其他__________

●您希望我們未來出版哪一種主題的書？（可複選）

□佛法生活應用 □教理 □實修法門介紹 □大師開示 □大師傳記

□佛教圖解百科 □其他__________

●您對本書的建議：

____

____

____

非常感謝您提供基本資料，基於行銷及客戶管理或其他合於營業登記項目或章程所定業務需要之目的，家庭傳媒集團（即英屬蓋曼群商家庭傳媒股分有限公司城邦分公司、城邦文化事業股分有限公司、書虫股分有限公司、墨刻出版股分有限公司、城邦原創股分有限公司）於本集團之營運期間及地區內，將不定期以MAIL訊息發送方式，利用您的個人資料於提供讀者產品相關之消費與活動訊息，如您有依照個資法第三條或其他需服務之務，得致電本公司客服。

我已經完全了解左述內容，並同意本人資料依上述範圍內使用。

__________（簽名）

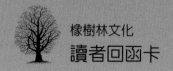